CALLWEY

BLÜHENDE BEETE

365 TAGE GARTENGLÜCK

BLÜHENDE BEETE

NICK BAILEY

Fotos von Jonathan Buckley

CALLWEY

INHALT

Als Gärtner bewundere ich Schönheit und Farben der Pflanzen. Mit Auftakt, Höhepunkt und Ausklang einer Jahreszeit verändern sich auch die Farben eines wohldurchdachten Gartens. Zinnoberrot und Pfirsichrosa, Gelbgrün und brennendes Orange haben ihre Zeit, aber die wahre Kunst des Gärtners besteht darin, einen Garten an 365 Tagen im Jahr erstrahlen zu lassen. Experimente, Beobachtungen, grandioses Scheitern, aber auch die Reaktionen der Pflanzen haben mich gelehrt, dieses Ziel mit gärtnerischen Fähigkeiten und Tricks zu erreichen.

Die unglaubliche Vielfalt der Farben in den Gärten, die ich gestaltet habe, hat mich entzückt und bescheiden gemacht. Ich erinnere mich, dass ich mich schon als Kind gefragt habe, wie Pflanzen es schaffen, Millionen von Farben zu erzeugen. Die Narzissen im Garten meines Großvaters und die geheimnisvoll klingenden Namen im Malkasten meiner Mutter, z.B. Umbra oder Ultramarinblau, haben den Grundstein meiner Liebe zu Farben gelegt, die bis heute anhält.

Natürlich stehe ich damit nicht allein. Fast jeder liebt Farben auf die eine oder andere Weise. Die Grundfarben unserer Welt, von Steinen, Ziegeln, Holz oder Erde, sind so neutral und schlicht, dass deren Nüchternheit fast deprimierend wirken kann. In einer neuen Umgebung fallen uns grelle Farben sofort auf; sie bestimmen darüber, worauf unser Blick als Erstes fällt. Mag ein Garten noch so viele botanische Kostbarkeiten zeigen, Besucher reagieren vor allem auf Farben. Die Geschichte kennt dafür viele Beispiele. Die Tulpenmanie im Holland des frühen 17. Jahrhunderts hat die Wirtschaft des Landes beinahe ruiniert – wegen der Lust auf bunte Blüten. Farben gehören zu unserem Leben. Sie transportieren Bedeutungen, Gefühle und provozieren Reaktionen. Die Farben unserer Kleidung, Produkte, Architektur und Gärten sind Ausdruck unserer Kultur. Die leuchtenden Farben Indiens – Saris, Gewürze und der Farbstaub bei Festen – sind so prägend, dass sie als Kulturgut exportiert werden. Japaner schätzen eine ganz andere Palette: Gebäude, Kleidung und Gebrauchsgüter sind in Pastell und neutralen Tönen gehalten. Jedes Land, Stadt, Haus, Garten und sogar jeder Mensch lässt sich durch Farben charakterisieren.

Farben beeinflussen alles. Sie bestimmen darüber, wie wir uns bewegen, denken und selber sehen. Ein identisches Produkt wird durch seine Farbgebung – Schwarz für Männer, Rosa für Frauen – geschlechtsspezifisch vermarktet. Farben senden Botschaften und Signale aus, deren Bedeutung wir intuitiv erfassen. Nur im Garten herrscht totale Freiheit. Dort dürfen wir mit Farben spielen, die wir in unseren Wohnungen, Kleidung und Autos nicht tolerieren würden. Anders als solche „festgelegten" Farben sind die Farben im Garten einem ständigen Wandel unterworfen. Mit veränderlichen Farben zu arbeiten, ist viel schwieriger als mit festgelegten Farben. Bei der Gartengestaltung sind wir uns dessen bewusst. Gärten sind Kunstwerke, die durch Pflanzenwachstum und -entwicklung, Umgebung und das Wechselspiel mit Jahreszeiten, Licht und Wetter geprägt werden. Gartengestalter versuchen, eine möglichst langlebige Kombination aus Farben, Formen und Texturen zu schaffen. In der Tat gibt es aber nicht nur eine Pflanze für jeden Tag des Jahres, sondern neben Blüten und Blättern, die viele Monate unverändert bleiben, endlos viele Pflanzen, die sich über die Jahreszeiten verändern. Nur wer diese Pflanzen geschickt miteinander kombiniert, gestaltet ein Garten, dessen Farbenspiel 365 Tage lang anhält.

Oben **Dieser intensiv gefärbte Einblütige Frühlingsstern *(Ipheion)* ist das Ergebnis langjähriger gärtnerischer Selektion.**

Ganz oben ***Helleborus foetidus*** **'Westerflisk' präsentiert verschiedene Grüntöne über das Jahr verteilt.**

Was bedeutet „Farbe" im Garten?

Mit Farbe im Garten sind fast immer die Blütenfarben gemeint. Tatsächlich besteht der durchschnittliche Garten aber vor allem aus Blättern, Stängeln und Schatten, ist also grün. Grün ist derart allgegenwärtig, dass seine veränderlichen Farbtöne und seine Leuchtkraft meist übersehen werden. Erst beim näheren Hinsehen zeigt sich eine Vielfalt von Schattierungen, Texturen und Feinheiten des Laubes. *Helleborus foetidus* 'Wester Flick' mag das verdeutlichen: die Farbe der immergrünen Blätter changiert mit den Jahreszeiten zwischen tiefem Dunkelgrün und eher bläulich grünen Tönen. Zusammen mit der rotbraunen Stängelfarbe, die in die Blattbasis übergeht, präsentiert sich bereits eine einzige Pflanze in zahlreichen Farbtönen – attraktiv auch ohne die gelbgrünen Blüten. Bei laubabwerfenden Pflanzen ändern die Blätter ihre Farbe von Hellgrün im Frühling über staubiges Sommergrün bis zum Braun, Rot, Gelb und Orange des Herbstes. Bevor wir uns also mit „Farben" befassen, dürfen wir nicht den dezenten Hintergrund aus Grün vergessen, vor dem sich Blüten, Stängel und Früchte präsentieren.

Der menschliche Einfluss auf Farben und Blühdauer

Die ersten kultivierten Pflanzen tauchen vor erstaunlichen 5000 Jahren im Fernen Osten auf, insbesondere in China und Indien. Der nachhaltige Ackerbau ermöglichte stabile Gesellschaftsstrukturen und einen Sinn für Schönheit. Größere Mengen dieser neuen Pflanzen fanden erst während der Renaissance (16. Jahrhundert) ihren Weg nach Europa. Manche waren Produkte einfacher Züchtungen, andere im Hinblick auf Wüchsigkeit, Blühdauer und Gesundheit selektiert.

Mitte des 19. Jahrhunderts unternahm Gregor Mendel seine berühmten Zuchtversuche. Er kreuzte rot und weiß blühende Erbsen und fand erste Hinweise auf die Vererbung von Eigenschaften und ihre Beeinflussung durch die Züchter. In der Folge züchteten oder selektierten die Menschen Zehntausende neuer Pflanzen. Natürlich spielte auch die Natur eine gewisse Rolle, denn die gelegentlichen natürlichen Mutationen waren die Grundlage von Gartenpflanzen mit neuen Farben oder Formen. Vor allem die Holländer mit ihrer Begeisterung für Zwiebelpflanzen waren führend in der Züchtung neuer Farben. In der Renaissance führten die Holländer viele Arten ein, die sie kultivierten, selektierten und weiter züchteten. Aus wenigen Grundfarben bei Tulpen und Hyazinthen entstanden Tausende farbiger Sorten. Das gilt auch für die Rosen. Aus weniger als 100 Wildarten haben Züchter in Asien, Europa, in jüngerer Zeit auch in Amerika Tausende von Sorten in unzähligen Farbnuancen gezüchtet, die so in der Natur nicht vorkommen.

Züchter waren aber auch an der Blühdauer interessiert. Durch Kreuzung und Selektion von zahlreichen Pflanzen schufen sie Sorten, die immer länger blühten. Moderne Rosensorten tun dies monatelang, während Wildrosen nur wenige Wochen blühen. Blütenfarben sind aber nicht alles, denn die meiste Zeit des Jahres sind nur Blätter, Stängel und Samenstände bzw. Früchte sichtbar. Auch hier wurden Züchter tätig und haben in den letzten Jahren ein breites Spektrum von Sorten mit farbigen Blättern gezüchtet – z.B. Purpurglöckchen, Schaumblüten und Funkien.

Ganz unten Gertrude Jekylls Pastellbeete werden mit leuchtend gefärben Pflanzen ergänzt.

Unten Farbiger Kies verstärkt die Wirkung dieser barocken Schnitthecken.

Farben in der Gartengeschichte

In den letzten 5000 Jahren haben sich Gärten und Gartenpflanzen grundlegend verändert. Moden, Politik, Religion und zahlreiche andere Faktoren haben das Design der Gärten und damit deren Symbolik, Pflanzenauswahl und -farben geprägt. Die ersten Gärten entstanden im Fernen Osten. Sie griffen auf heimische Wildpflanzen zurück und waren stark von der Religion und ihrer Symbolik beeinflusst – dabei spielten Farben eine wesentliche Rolle. Während der europäischen Renaissance entstanden im Umfeld von Schlössern, Herrenhäusern und Universitäten neue Ziergärten. Die akademischen Forscher züchteten seltene und nützliche Pflanzen – ihre Gartenanlagen waren von Zweckmäßigkeit geprägt. Die weitläufigen Gärten um Schlösser und Herrenhäuser in Italien, Frankreich, England, Deutschland und Holland demonstrierten dagegen die Herrschaft ihrer Besitzer über die Natur und Landschaft. In diesen Anlagen spielten daher Farben eine entscheidende Rolle: Bunte Pflanzen oder Kies setzten zwischen den häufig grünen und eintönigen Hecken, Wegen und Parterres gut sichtbare Akzente und betonten die Muster der niedrigen Hecken. Während die farbigen Beete in unmittelbarer Nähe der Herrenhäuser auch weiterhin gepflegt wurden, rückte in den nächsten Jahrhunderten die weitere Gartenlandschaft stärker ins Blickfeld. Englische Gartengestalter des 18. Jahrhunderts wie Capability Brown und Humphry Repton strebten den „naturalistischen" Garten an. Hügelige Landschaften mit Baumgruppen, Seen, Bachläufen und Lustbauten, die durch ihre Form, nicht durch die Farbe wirken, waren bei den oberen Zehntausend hochmodern.

Zur gleichen Zeit entstanden aber auch die romantisch verklärten Cottagegärten der arbeitenden Bevölkerung. Obwohl sie vor allem der Selbstversorgung dienten, legten die Gärtner großen Wert auf üppige und sehr bunte Blütenpracht. Die Gärtner der Viktorianischen Zeit erkannten als Erste die große Bedeutung der Farben. Sie waren führend in der Gartengestaltung mit Farben im großen Stil. Die nüchternen, gedeckten Farben der vergangenen Jahrhunderte waren passé, stattdessen quollen die Beete über vor leuchtenden Sommerblumen, Rosen und Stauden. Alton Towers in Devonshire ist ein Sinnbild für den viktorianischen Stil. Diese teilweise erhaltene Gartenlandschaft ist ein beinahe chaotisches Durcheinander von Farben und Formen. Sie erinnert an eine Zeit, die jeden neuen Farbton und jede neue Pflanze feierte – leuchtend, grell und bizarr.

In der Gartengestaltung des späten 19. und frühen 20. Jahrhunderts setzte sich die viktorianische Begeisterung für Farben fort, wenn auch in Form sorgfältig geplanter Farbthemen. Eine Wegbereiterin war die außerordentliche Gertrude Jekyll. Obwohl viele Gartengestalter ihre Arbeiten – immerhin 400 Gärten – abschätzig als hübsche Entwürfe in Pastell kritisieren, war ihr Ansatz vielschichtig und anspruchsvoll. Zwar stehen in der Tat harmonisch aufeinander abgestimmte Farben und Farbtöne im Zentrum ihrer Entwürfe, aber eben nicht ausschließlich – genauso wichtig war ihr der Kontrast. Helle Töne balancierte sie mit kräftigen Farben als kontrastreiche Blickpunkte aus. Ihre Kompositionen aus Gelbgrün, Orange, Blau und Gelb zusammen mit den Pastelltönen fielen in unseren zeitgenössischen Gärten nicht aus dem Rahmen. Sie ging mit Farben viel offensiver um, als das Etikett vermuten lässt, das man ihr gerne anhängt. Im Garten ihres Hauses Munstead Wood in Surrey wurden einige ihrer Farbexperimente rekonstruiert.

Unten Sissinghurst Castle – ein Musterbeispiel für Gartenkunst und -architektur.

Oben Das rote Border in Hidcote Manor.

Hidcote Manor in Gloucestershire und Sissinghurst Castle in Kent sind andere englische Gärten jener Zeit. Beide bestehen aus einer Reihe von Gartenräumen mit Farbthemen, die sich zur Landschaft hin öffnen. In den Gartenräumen sorgen Rosen, Einjährige und Stauden für lange andauernde Farben, die zu Farbthemen arrangiert wurden wie im berühmten Weißen Garten von Sissinghurst und den roten Rabatten von Hidcote. Ähnliche Ansätze findet man auch in anderen europäischen Ländern. In der Mitte des letzten Jahrhunderts setzte der herausragende südamerikanische Landschaftsarchitekt Roberto Burle Marx die Farben gänzlich anders ein. Er gestaltete malerische Landschaften in großem Stil. Seine Gartenlandschaften in öffentlichen Parks und Privatgärten lebten von üppigen, meist heißen Pflanzenfarben, die er in riesigen Bögen und Schwüngen anordnete. Seine Gärten mit zahlreichen heimischen Pflanzen fügten sich in die Landschaft ein, überzeugten aber stets mit seinem freigiebigen Umgang mit leuchtenden Farben.

Zu viele berühmte Gärtner, um alle zu erwähnen, haben die Gartengestaltung der letzten 60 Jahre geprägt, doch einer ragt besonders heraus. Der Einfluss des verstorbenen englischen Gartengestalters Christopher Lloyd auf den Umgang mit Farben kann nicht hoch genug eingeschätzt werden. In zahlreichen Veröffentlichungen, die von seiner lebenslangen Erfahrung als Gärtner zehren, hat er darauf hingewiesen, dass ein Gartengestalter die Farben nicht fürchten, sondern mit ihnen arbeiten und spielen sollte. Die experimentellen Bepflanzungen in seinem Heim Great Dexter in East Sussex haben die Sichtweise von Gärtnern aus der ganzen Welt geprägt. Er hat formale Regeln ignoriert und Pflanzungen in manchmal dezenter, manchmal aufregender Weise angelegt, immer mit den Farben als treibender Kraft. Seine Kompositionen aus Orange mit Rosa oder leuchtendem Gelbgrün mit Magenta haben eine neue Gärtnergeneration inspiriert, mutig mit Farben umzugehen.

Farben in der Natur

Lange bevor der erste Gärtner Blumen in Beete und Rabatten pflanzte, hat Mutter Natur wilde, farbenfrohe Landschaften gestaltet. Überall auf der Erde wachsen Pflanzenformationen, die sich in ihrer Üppigkeit, Vielfalt und Farbgebung wie ein Garten anfühlen. Zu unterschiedlichen Zeiten des Jahres erstrahlen bestimmte Regionen auf der Welt in derart spektakulären Farben, dass Liebhaber von überall her anreisen, um das flüchtige Blütenschauspiel zu genießen. Im Frühling versinken Berghänge, Täler und öffentliche Parks in Japan unter der Blütenfülle wilder Pflaumen- und Kirschbäume. Die Farbtöne von zartestem Rosa bis zum intensiven Magenta verschmelzen zu einer Farbsinfonie, die Besucher aus Japan und der ganzen Welt begeistert. Später im Frühling überziehen sich die Almen der europäischen Alpen mit einem üppigen Blütenteppich aus Myriaden von Farben. Die Alpenblumen beeilen sich, ihre Samen zu bilden, bevor sie wieder vom Schnee bedeckt werden. Im Sommer richtet sich die Aufmerksamkeit auf das Namaqualand in der südafrikanischen Kapprovinz. Hier bewundern die Besucher blaue, orangefarbene und weiße Korbblüter in einer wüstenhaften Landschaft. Die blauen oder orangefarbenen Blütenteppiche ziehen sich über zig Kilometer hin. Später, im Herbst, schlägt die Stunde Nordamerikas. Die Wälder in Vermont, Maine und New Hampshire an der Ostküste wachsen auf sauren Böden. Vor dem Laubfall im Herbst färbt sich das Laub in leuchtend heißen Farben. Touristen – die Einheimischen nennen sie „Leaf-Peepers" – kommen von weit her, um das Farbenschauspiel zu genießen; das Internet informiert über den aktuellen Stand des Farbspektakels und die besten Aussichtspunkte.

Inspirierende Farbkombinationen finden sich überall in der Natur, von den südafrikanischen Halbwüsten im Namaqualand *(oben)* bis hin zum Farbfeuerwerk des Indian Summers in Vermont und New England, USA *(rechts)*.

Wir dürsten geradezu nach Farben und solche Naturlandschaften stillen dieses Verlangen. Sie demonstrieren in großem Stil, wie das Zusammenspiel von Farben funktioniert und wie Pflanzen miteinander, der Jahreszeit und ihrer Umgebung interagieren. Inspirierende Landschaften, dazu die Erfahrungen aus großen Gärten der Vergangenheit und ein wachsendes Pflanzenangebot versetzen uns besser denn je in die Lage, einen 365-Tage-Garten mit üppigen Farben zu gestalten.

PFLANZENFARBEN VERSTEHEN

Grundlagen der FARBLEHRE

Die Pigmente in Blüten und Blättern refektieren unterschiedliche Wellenlängen des Sonnenlichts und geben ihnen so ihre Farbe.

Was sind Farben?

Farben sind eine Eigenschaft des Lichts. Als Sir Isaac Newton – der Physiker mit dem Apfel – Sonnenlicht durch ein Prisma leitete, spaltete es sich in ein Spektrum unterschiedlicher Wellenlängen auf, die wir als Rot, Orange, Gelb, Grün, Blau, Indigo und Violett wahrnehmen. Damit bewies er, dass „weißes" Licht eine Mischung von Farben war. Die ultravioletten und infraroten Wellenlängen dieses elektromagnetischen Spektrums nimmt das menschliche Auge nicht wahr. Alle für uns sichtbaren Farben, auch die Pflanzenfarben, basieren auf Pigmenten, die ganz bestimmte Wellenlängen reflektieren (widerspiegeln) oder absorbieren (verschlucken). Eine Pflanze, die nur rote Wellenlängen (700 nm) reflektiert, nehmen wir als rot wahr, da alle übrigen Wellenlängen absorbiert werden. Wenn das reflektierte Licht auf unsere Netzhaut trifft, sehen wir rot.

Wie Pflanzen Farben erzeugen und nutzen

Pflanzen bilden ihre Farbpigmente mithilfe von komplexen Reaktionen aus Mineralien aus dem Boden und Wasser; das Sonnenlicht liefert die dafür nötige Energie. Manche Farben werden im Stoffwechsel gebraucht, andere sollen Tiere anlocken oder abschrecken. In raffinierten Stoffwechselschritten synthetisieren Pflanzen Carotinoide (für Rot, Orange und Braun), Anthozyane (Magenta, Blau und Purpur), Anthoxanthine (kräftiges Gelb bis Cremeweiß) und Chlorophyll (Grün). Die Pigmente sind im Zellsaft gelöst oder sitzen in Zellwänden oder im Protoplasma. Vielfach kombinieren Pflanzen zwei oder mehr Farbstoffe, etwa für Malve und Purpur.

Der Boden kann die Art der Pigmente beeinflussen. So blühen Hortensien auf sauren Böden blau und auf basischen Böden rosa. Echtes Schwarz, also die Abwesenheit von Licht, kommt bei Pflanzen nicht vor. Andererseits gibt es Pflanzen in rotschwarzen oder blauschwarzen Tönen. Sie entstehen durch extrem dicht gepackte, dunkle Pigmente oder eine Mischung verschiedener Pigmente. Solche Pigmentgruppen absorbieren fast alle Wellenlängen des sichtbaren Spektrums und erscheinen uns daher fast schwarz. Weiß kann entweder als echtes weißes Pigment auftreten oder wird als physikalischer Effekt durch Luft im Gewebe erzeugt. Während wir kein Ultraviolett (UV) sehen können, nehmen manche Insekten diese Wellenlänge sehr gut wahr und werden durch UV-reflektierende Bereiche gezielt angelockt. Andere Pflanzen umwerben Bestäuber mit einem breiten Farbspektrum. Auch die Oberfläche der Blütenblätter beeinflusst die Wirkung von Farben. Auf manchen dunklen Blüten reflektieren winzige Erhebungen das Licht und sorgen für einen schimmernden Glanz.

Die Blüten des Hahnenfußes haben eine Schicht leuchtend weißer Kristalle unter den gelben Blütenpigmenten, die das Sonnenlicht reflektieren.

Dieser irisierende Effekt wird bei der fast schwarzen Tulpe *Tulipa* 'Paul Scherer' durch feine Rillen wie auf einer CD erzeugt. Das Licht, das von diesen Rillen gespiegelt wird, sorgt für den dramatischen Effekt. Auf einen ähnlichen „Trick" vertrauen die glänzenden Blüten des Hahnenfußes: weiße Stärkekörner unterhalb der gelben Pigmente werfen das Licht durch die Oberfläche zurück und erzeugen das Glänzen. Die Farbe grauer, blauer oder silberner Blätter entsteht durch Lichtreflexion an Wachs- oder pulvrigen Schichten auf der Blattoberfläche, die das grüne Blatt vor intensiver Sonnenstrahlung schützen. Burgunderrote Blätter basieren dagegen auf echten Pigmenten, die so konzentriert auftreten, dass sie das grüne Chlorophyll im Blatt verdecken. Panaschierungen oder mehrfarbige Blätter kommen als Folge von Mutationen auch in der Natur vor, wurden aber durch Züchtung verstärkt oder verändert. Auch sie haben verschiedene Ursachen: bei der Graslilie (*Chlorophytum comosum* 'Vittatum') fehlen die grünen Pigmente in den Chloroplasten, sodass weiße Längsstreifen entstehen. Nicht reinweiße Panaschierungen sind eine Folge fehlender Pigmente in Kombination mit blauen oder roten Anthozyanen. Auch Luftschichten unter der äußeren Zellschicht bewirken helle Stellen, beispielsweise bei Kanonierblumen *(Pilea cadierei)*. In einigen Fällen sind auch Viren der Grund für helle Stellen.

Im Uhrzeigersinn von oben links nach unten rechts
Grün bildet das Grundgerüst der Farben im Garten.
Irisierende Blüten bei *Nicotiana*.
Fehlendes Chlorophyll sorgt für Panaschierungen in den Blättern.
Die Blüten dieser Tulpen erscheinen von Weitem fast schwarz.

Der FARBKREIS *für* GÄRTNER

Der Farbkreis ist ein einfaches Hilfsmittel für Künstler und Designer. Er stellt das Spektrum des sichtbaren Lichts in Kreisform dar. Der Kreis zeigt die Beziehungen zwischen den Farben auf und ist nützlich, um Farbkombinationen zu entwerfen. Vielleicht erinnern Sie sich noch aus Ihrem Malunterricht, dass man die drei Primärfarben Rot, Gelb und Blau – die Grundfarben des Farbkreises – nicht aus anderen Farben mischen kann. Dagegen lassen sich aus den drei Primärfarben alle anderen Farbtöne des sichtbaren Spektrums erzeugen. Die sogenannten Sekundärfarben zwischen zwei Primärfarben werden aus ihren Nachbarn gemischt: Grün aus Blau und Gelb, Orange aus Gelb und Rot und Purpur aus Rot und Blau.

Die Tertiärfarben schließlich entstehen aus Primär- und Sekundärfarben. So lässt sich aus Rot (Primärfarbe) und Violett (Sekundärfarbe) Purpurrot oder Magenta mischen. Selbstverständlich reicht diese simple Methode nicht aus, um alle Farben des Gartens, schon gar nicht alle Farben der Welt zu erzeugen. Beimischungen von Schwarz oder Weiß führen zu zahllosen weiteren Tönungen und Schattierungen. Mit zunehmender Weißbeimischung verwandelt sich Rot schließlich in ein sehr helles Rosa, während die Zugabe von Schwarz das Rot noch tiefer macht.

Künstler und Designer verwenden mehrere Begriffe, um eine Farbe zu charakterisieren. Die Temperatur beschreibt die relative Wärme oder Kälte einer Farbe. Rot und Orange sind warme, Grün und Blau kühle Farben. Während sich dieses Konzept unmittelbar erschließt, fehlen Begriffe wie „Farbton", „Tonwert" oder „Sättigung" im alltäglichen Sprachgebrauch. Der Tonwert charakterisiert die Helligkeit bzw. Dunkelheit einer Farbe, die Sättigung ihre Intensität oder Leuchtkraft, während Farbton auf eine bestimmte Farbe, z.B. Blau, verweist. Um einen guten 365-Tage-Garten zu konzipieren, muss man die Begriffe nicht unbedingt kennen und anwenden, aber der Farbkreis ist ein sehr gutes Hilfsmittel bei der Farbauswahl und erleichtert so die Auswahl der Pflanzenarten und -sorten, die später im Beet ganzjährig für Farbe sorgen sollen.

Oben Alle Nuancen der Primärfarben bilden für eindrucksvolle Farbkombinationen.

Links Fast schwarz wirken dunkle Bronzetöne. Sie werden von roten und blauen Farbpigmenten in den Blättern erzeugt.

Ganz links Unterschiedliche Gelb- und Orangetöne lassen sich einfach miteinander kombinieren.

Diese Pflanzung aus Petunien, Zier-Tabak und Spinnenblumen wirkt durch die aufeinander abgestimmten Grün-, Creme- und Weißtöne besonders harmonisch.

Wirkungsvolle Farbkombinationen mithilfe des Farbkreises finden

Selbstverständlich reicht der Farbkreis nicht aus, um Wirkung und Verwendung von Farben zu verstehen, aber er liefert eine sichere Grundlage und garantiert erfolgreiche Kombinationen. Auch ich benutze ihn, um mit Farbkombinationen bestimmte Wirkungen zu erzielen. Allerdings werfe ich gerne alle Regeln über Bord und probiere alle möglichen Kombinationen aus.

MONOCHROMATISCHE KOMBINATIONEN

Dabei handelt es sich um einfache Kombinationen, die nur aus Schattierungen und Tönen einer einzigen Grundfarbe bestehen. Ein typisches Beispiel ist ein reines Blau, das mit helleren und dunkleren Blautönen kombiniert wird, beispielsweise *Veronica gentianoides*, *Delphinium* 'Blue Jay', *Ceanothus* 'Concha' und *D.* 'Blue Butterfly'. Obwohl die Farben einen geschlossenen Eindruck machen, wirken monochromatische Kombinationen recht eintönig. Erst kontrastierende Formen und Texturen bringen Leben in die „Monotonie".

Farbkombinationen müssen nicht immer Regeln „gehorchen" wie diese *Salvia* und *Coreopsis* eindrucksvoll beweisen. So eröffnen sich unendlich viele Möglichkeiten der Farbgestaltung im Garten.

Unterschiedliche Farbnuancen und -töne ein und derselben Farbe ergeben wunderbare Beete wie das unten abgebildete.

Die gedämpften Farbtöne der Salvie und der Glockenblume liegen im Farbkreis nebeneinander: eine harmonische Kombination.

TON-IN-TON-KOMBINATIONEN

Ton-in-Ton-Kompositionen bestehen aus benachbarten Farben auf dem Farbenkreis, beispielsweise Orangerot, Orange und Orangegelb. Mit dieser Wahl sind Sie auf der sicheren Seite, denn das Ergebnis sieht harmonisch und doch aufregend aus. Ein typisches Beispiel ist die Kombination aus *Pilosella aurantiaca*, *Calendula officinalis* und *Geum* 'Georgenberg'. Farben mit dem gleichen Tonwert balancieren das Farbthema aus – keine Farbe dominiert.

Dramatische Farbeffekte entstehen durch die Kombination von Farben, die sich im Farbkreis gegenüber liegen – den Komplementärfarben. Dies sind beispielsweise Gelb und Purpur *(oben)* oder Blau und Orange *(links)*. Rot und Grün sind der dritte Komplementärkontrast aus Primär- und Sekundärfarben.

KOMPLEMENTÄRE KOMBINATIONEN

Farben, die sich wie Purpur und Gelb, Rot und Grün oder Orange und Blau im Farbkreis gegenüberstehen (Komplementärfarben), sorgen für intensive, satte, pulsierende Kontraste. Sie garantieren spektakuläre Farbwirkungen. Ein charakteristisches Beispiel ist die Kombination von *Achillea* 'Terracotta' und *Aconitum carmichaelii* (Wilsonii-Gruppe, siehe S. 147). In der Optik wird die Wirkung als simultaner Kontrast bezeichnet. Die wissenschaftliche Erklärung ist komplex, basiert aber letztlich darauf, dass der Blick zwischen den Kontrastfarben hin und her wandert und so beide besonders deutlich wahrnimmt.

Veronica, Phlox und *Lysimachia* haben gedämpfte Töne der Primärfarben und bilden einen Farbdreiklang. Auch eine Kombination aus Purpur, Grün und Orange oder Blaugrün, Gelborange und Purpurrot hat diese Wirkung.

DREIKLANG

Floristen lieben den Farbdreiklang. Er basiert auf drei Farben mit gleichem Abstand auf dem Farbkreis. Das Ergebnis sind komplexe Kombinationen, bei denen im Unterschied zu komplementären Kombinationen häufig eine Farbe dominiert. Ein Beispiel ist Blaugrün, Orangegelb und Rotviolett, in dem Rot die Komposition dominiert.

„Farbdreiklänge sind bei Floristen beliebt. Sie verwenden dazu drei Farben, die im Farbkreis gleich weit voneinander enfernt stehen."

GESÄTTIGTE KOMBINATIONEN

Entscheidend für die Wirkung so einer Kombination sind gesättigte, reine Farben aus dem Farbkreis. Dabei entstehen hochdramatische und optisch auffällige Farbthemen, die allerdings auch in chaotische Vielfarbigkeit münden können, die den Betrachter überfordert – wie ein viktorianisches Beet. *Rudbeckia fulgida* 'Goldsturm', *Salvia patens*, *Lobelia cardinalis* 'Bee's Flame' und eine orangefarbene Taglilie bilden ein Kaleidoskop gesättigter Farben, das den Blick auf sich zieht.

Sowohl die *Dahlia* wie auch die *Alstroemeria* sind gleich intensiv gefärbt und so bilden beide eine ausgewogene Kombination.

Pastelltöne lassen sich einfach miteinander kombinieren und wirken besonders gut an halbschattigen oder schattigen Standorten.

NEUTRALE KOMBINATIONEN

Würde man auf mehreren konzentrischen Kreisen innerhalb des Farbkreises die Originalfarbe des äußeren Kreises um jeweils eine Stufe heller darstellen, ergäbe sich eine neutrale Palette. Dabei ist eine Farbe von intensiven bis ausgewaschenen Tönen vertreten – Rot bis hellstes Rosa, Grün bis Weiß mit grünem Schimmer usw. Neutrale Farben passen gut zusammen, ohne dass ein bestimmter Ton dominiert, in der Praxis beispielsweise durch die Kombination von *Kniphofia* 'Little Maid', *Clematis florida* var. *flore-pleno* und *Lavatera maritima*.

FARBTHEORIE *im* GARTEN

Je nach Kombination wirken Pflanzenfarben lebendig oder zurückhaltend gedämpft.

Es ist unmöglich, Farbkombinationen objektiv zu beschreiben. Es gibt so viele verschiedene Nuancen und Variablen, die sich zudem je nach Licht und Jahreszeit verändern, dass die Farbwahrnehmung subjektiv vom Betrachter abhängt. Dennoch sind die Grundlagen der Farbtheorie hilfreich, da sie Entscheidungen für die eine oder andere Kombination auf eine sichere Grundlage stellen und erklären, welche Farben zusammenpassen und wie eine zusätzliche Farbe einer Komposition Leben einhauchen kann.

Ich vergleiche Farben und ihr Zusammenspiel, wo immer ich sie sehe. Häufig erklärt die Farbtheorie, warum bestimmte Farbpaare auffallen oder dezent wirken. Damit wird sie zu einem verlässlichen Leitfaden bei der Kombination von Farben im Garten. Die Grafiken auf der gegenüberliegenden Seite verdeutlichen einige dieser Wechselwirkungen. Ein kühler Partner in der Nähe „erwärmt" eine Farbe, während ein gedeckter Ton die benachbarte Farbe leuchten lässt. Ein bekanntes Phänomen ist der Bezold-Effekt, wie er sich in der

Abbildung rechts oben zeigt: dort verändern weiße Pflanzen die Wahrnehmung der dunklen Grundfarbe ganz erheblich. Dieser Effekt, der sich in den meisten Gärten relativ leicht verwirklichen lässt, ändert die Wirkung eines Farbthemas – Gertrude Jekyll setzte ihn gerne ein. So lassen in einem Beet verteilte Sträucher mit silbrigen Blättern alle Farben heller und blasser erscheinen. Pflanzen mit dunklen Blättern haben den gegenteiligen Effekt: Die Farben wirken stärker gesättigt. Jekyll nutzte auch die Möglichkeit der optischen Farbmischung – ein malerischer Trick der Impressionisten. Kleine Farbflecke, beispielsweise reines Gelb und Blau, die nebeneinander auf die Leinwand getupft werden, wirken aus der Entfernung wie Grün. Jekyll spielte damit, um Farbübergänge zu schaffen und ihre Kompositionen zu vereinheitlichen.

Der wichtigste Unterschied zwischen einer Malerleinwand – darauf basiert die Theorie – und einem Garten ist das Licht. Die Bedeutung des Lichts für die Farben darf nicht unterschätzt werden. Im Tagesverlauf kann sich, unabhängig von der Grundfarbe, der Farbton einer einzigen Blüte mehrfach ändern. In der Morgendämmerung wirkt die Farbe gedeckt, in der Mittagssonne ausgewaschen und im abendlichen Zwielicht gesättigt. Das macht die Kombination von Pflanzenfarben deutlich komplexer. In der Tat sehen Farben sogar je nach Region, Lichteinfall und Jahreszeit unterschiedlich aus. Das intensive Licht der Tropen und der Mittelmeerregion bleicht helle Farben um die Mittagszeit aus, während satte Töne kräftig leuchten. Während kräftige Farben im Winter Nordeuropas matt wirken, sehen sie im goldenen Licht des Herbstes großartig aus. Wer solche Effekte und die Grundregeln der Farbtheorie berücksichtigt, darf mit großartigen Farbkombinationen rechnen.

Forsythia und *Ribes* sind eine wunderbare Frühlingskombination, die ins Auge fällt.

Es ist erstaunlich, wie viele Farbthemen malerischen Prinzipien folgen – großartige Ausnahmen bestätigen nur die Regel. Die klassische Farbkombination aus apricotrosa Rosen mit *Lavandula angustifolia* ist ein typischer Dreiklang aus drei Farben des Farbkreises: Orangerot, Gelbgrün und Blauviolett. Keine der Farben tritt in reiner, gesättigter Form auf. Die Blätter sind grün, die Rosen blühen hell orangerot und Lavendel blauviolett über grauem Laub. Der Erfolg basiert darauf, dass drei der vier Farben (Blauviolett, Orangerot und Grau) gleichermaßen gedeckt sind, während das satte Grün ein Gegengewicht zu dem hellen Trio bildet. Andere klassische Kombinationen – dunkelrosa *Ribes sanguineum* mit mäßig heller, orangegelber *Forsythia* – wirken in meinen Augen etwas grell, hellen aber das düstere, graue Licht des Spätwinters erfreulich auf. Obwohl sich diese Kombination nicht am Farbkreis orientiert, ist sie eindeutig ein Hingucker.

Manche Farbpaare funktionieren nur bei bestimmten Farbnuancen. Für mich wirkt Hellrosa neben einem mittleren Gelb dürftig. Sobald sich das Gelb aber in Richtung Gelbgrün verschiebt, ändert sich der Eindruck: neben den Hochblättern und Blüten von *Euphorbia characias* oder den gelbgrünen Blüten von *Alchemilla mollis* sehen große, hellrosa Rosenblüten frisch und aufregend aus. Der Erfolg solcher Kombinationen basiert auf den hellen Kontrastfarben Rot und Grün (gegenüber im Farbkreis). In ihrer reinen Form – rote Beeren und grüne Blätter von Stechpalmen – wirken die Farben von den Gegenpolen des Farbkreises noch intensiver.

Bei Pflanzenfarben kommt es auf jede Schattierung und jeden Ton an. Die dunkelviolett blühenden Verbenen, eine meiner Lieblingsstauden, haben eine nur millimetergroße, hellviolette Stelle im Blütenschlund. Dieser winzige Fleck verhindert, dass die etwa 20 Blüten eines Blütenstandes zu einem amorphen, dunkelvioletten Farbfleck verschmelzen, der selbst in hellem Licht leblos aussähe. Mit einer gelben Goldrute *(Solidago canadensis)* als Partner entsteht ein dramatischer Farbeffekt. Dunkelviolett und Gelb stehen sich im Farbkreis gegenüber; sie verstärken und beleben sich gegenseitig. Neben einer orangefarbenen Taglilie ändert sich die Wirkung der Verbene erneut. Das dunkle Orange, das neben dem Gelb der Goldrute kaum auffiele und im Schatten fast unsichtbar ist, scheint nun rot zu strahlen.

Das wechselnde Licht der Tages- und Jahreszeiten verändert die Wahrnehmung von Farben erheblich. Im Gegenlicht wirkt die Verbene ganz anders: die blauen Anthozyane kommen stärker zur Geltung und lassen die Kronblätter in einem gesättigten Violett mit hohem Blauanteil erstrahlen. Die Mittagssonne inszeniert die Blüten vermutlich am besten; die Farben sind kräftig, ohne im Licht von oben auszubleichen. Im Zwielicht des Abends verschwindet die Farbe fast völlig, während nun hellviolette Blüten im Mondlicht zu leuchten scheinen. Im Tageslicht, neben hellvioletten Blüten der Distel *Cirsium arvense*, präsentiert sich die chamäleonartig gefärbte Verbene erneut anders. Die Distelblüten sind genauso gefärbt wie der helle Schlund der Verbenen. Als Partner passen die beiden perfekt zusammen, da sie aus der gleichen Farbfamilie stammen und sich nur in der Helligkeit unterscheiden. Wächst die helle Distel neben anderen Farben, ergeben sich weitere verblüffende Beziehungen. Gegen das Orange einer Taglilie wirkt sie ausgewaschen und blass, obwohl sich die beiden Farben, die sich im Farbkreis beinahe gegenüberliegen, eigentlich gegenseitig verstärken sollten. Das sehr helle Violett der Distel kann sich aber gegen das Orange der Taglilie nicht durchsetzen und sieht verwaschen aus – auch die Taglilie profitiert nicht von dieser Paarung. Die deutlich helleren Blütenblätter aus dem Zentrum der Taglilienblüte haben dagegen den gleichen Tonwert wie das Hellviolett der Distel. Nebeneinander sehen sie hübsch, zart und beinahe feminin aus – als helle Farben von

Ich gehe oft mit Schnittblumen durch den Garten, immer auf der Suche nach geeigneten Pflanzpartnern.

den Gegenpolen des Farbkreises wirken sie wieder komplementär, allerdings viel subtiler und längst nicht so intensiv wie der Kontrast zwischen Verbene und Goldrute.

Rot in seinen variantenreichen Tönen kann einen Garten spektakulär verändern. Als Komplementärfarbe zu Grün (die häufigste Farbe im Garten) kontrastiert Rot mit seiner gesamten Umgebung. Ich fand es immer schwierig, einen guten Partner für Rot zu finden. Die gelben Blätter eines Gold-Ligusters wirken neben dunklen, purpurroten Pelargonienblüten knallig. Rot und Gelb sind ein Drittel des Farbkreises voneinander entfernt und ihre Beziehung ist unklar. Sie scheinen miteinander zu kämpfen, aber eher wie Gentlemen mit weißen Handschuhen als dumpfe Kneipenschläger. Erst eine dritte Farbe – Orange steht im Farbenkreis dazwischen – in Form einer Montbretie rundet das Bild ab. Die Farben sehen satt und überwältigend aus, nicht das Schlechteste in einer warmen Gruppe. Die drei Farben gehören noch zu einer harmonischen Ton-in-Ton-Komposition, da sie nebeneinander im Farbkreis stehen.

Reines Blau kommt nur bei sehr wenigen Pflanzen vor. Fast immer ist ein Rosa-, Rot- oder Purpurton beigemischt. Ich möchte das am Beispiel einer spät blühenden Glockenblume im Garten verdeutlichen: Als Partner der rosa Kronblätter zahlreicher Rosen und Salbeisorten scheint im Blau ein Hauch von Rosa mitzuschwingen, während sich der Farbton direkt neben einer orangefarbenen Taglilie oder dem mittleren Grün von Sträuchern einem reinen Blau annähert. Im Dreiklang mit roten und gelben Partnern wirkt das Blau etwas knallig, was aber nicht schlecht sein muss – jede der drei Farben schreit nach Aufmerksamkeit. Hellere Töne dieser drei Farben, also Hellrosa, Hellgelb und Hellblau, fügen sich zu einem sehr harmonischen Trio zusammen, das nach Grau als Ergänzung ruft. Intensive Rot-, Gelb- und Blautöne wirken als satte Farben fast majestätisch. Man könnte mit den Wechselwirkungen zwischen Farben ein ganzes Buch füllen und ein weiteres, in dem die Veränderungen durch Licht, Jahreszeit und nahe Farbenpartner abgehandelt werden. Ausprobieren ist der Schlüssel zum Erfolg. Pflanzenkataloge können eine Farbe nur unvollkommen abbilden; sehen Sie sich eine Farbe und ihre Veränderung durch Partner in einem Gartencenter oder Garten an.

Die Farbtheorie liefert gute Grundlagen, der Farbkreis bietet jedoch eine Art Abkürzung, um gute Farbgruppen und -paare zu kreieren. Die vielen Grauschattierungen sehen neben Orange einfach umwerfend aus – darüber sagt der Farbkreis z.B. jedoch nichts. Auch dass die richtigen Nuancen von Rosa und Orange großartig zusammenspielen, wird vom Farbkreis ignoriert. Nutzen Sie den Farbkreis, bis Sie sich sicherer fühlen, aber befolgen Sie die Regeln nicht sklavisch. Wagen Sie Experimente, stellen Sie Pflanzen in der Gärtnerei nebeneinander und riskieren Sie ruhig auch einmal etwas. Ich gehe häufig mit Schnittblumen und Blättern durch den Garten und probiere sie an potenziellen Partnern aus. Auf diese Weise finde ich neue Farbkombinationen.

Oben **Es gibt nur wenige reinblaue Blüten. Selbst „blaue" Glockenblumen sind eigentlich mauve oder lila.**

Ganz oben **Auch ungewöhnliche Kombinationen wie Grau und Orange haben eine tolle Wirkung.**

Wie uns FARBEN *beeinflussen*

Die Farben eines Gartens beeinflussen jeden, der sich darin aufhält. Sorgfältig platzierte Farben und Farbkombinationen wirken sich auf die Stimmung aus, lenken unsere Blicke und beeinflussen die Raumwahrnehmung. Wir sehen die Farben einer Landschaft oder Szene auf ganz spezielle Art und Weise. Nahe Farben scheinen uns intensiv, oft auch gesättigt und leuchtend, weiter entfernte Farben durchscheinender und matter. Verantwortlich dafür sind die Physiologie des Sehens, das Licht und die Atmosphäre. Künstler erzeugen mit diesen Phänomenen Räumlichkeit in ihren Bildern, sie funktionieren aber auch im Garten. Helles Blau, Grün, Gelb und Violett rücken eine Szene scheinbar weiter weg. Entsprechend springen kräftiges Rot, Orange und Gelb stärker ins Auge und erscheinen uns näher. Kräftige Farben im Vorder- und zarte Farben im Hintergrund erzeugen den Eindruck größerer räumlicher Tiefe und Weite. Farben können aber auch die Blicke – und damit die Schritte – lenken. Im Garten verteilte immergrüne, gelbe Pflanzen ziehen die Blicke auf sich; die Bewegung der Augen suggeriert größere Räume. Da gelbe Farben den Betrachter anlocken, lenken sie auch seine Schritte durch den Garten.

Auch unsere Stimmung ist formbar. Viele Studien zur Farbwirkung auf die Gefühlswelt kommen zum gleichen Ergebnis. Rot steigert die Pulsfrequenz und schärft die Sinne. Vermutlich strich man daher früher viele Räume rot an. Nach einer europäischen Untersuchung fördert Orange den Verstand. Helle Blau- und Grüntöne beruhigen und verlangsamen den Puls, während leuchtendes Gelb die Stimmung hebt. Das alles hängt jedoch auch von der Farbwahrnehmung, die bei jedem Menschen anders ist, der Kultur, der Herkunft, dem Glauben und der Lebenserfahrung ab. Auch eine weite Landschaft kann im Zusammenspiel mit Farben die Stimmung beeinflussen. In der japanischen Gartenkultur wird dieses Phänomen *Shakkei* (geborgte Landschaft) genannt: Farben und Formen aus der Nachbarschaft, etwa ein Baum im Nachbargarten, die im eigenen Garten wiederholt werden, scheinen den Garten zu vergrößern. Letztlich ist es eine persönliche Entscheidung, welche Farben Sie für Ihren Garten wählen. Farbe definiert das Wesen eines Gartens, den Genius Loci, stärker als Formen, Texturen oder Rhythmik.

Rechts Sich wiederholende Farben und -kombinationen lenken den Blick (und den Schritt) durch den Garten.

Unten Unsere Wahrnehmung von Raum und Tiefe kann durch Farben beeinflusst werrden. So wirkt der rote Mohn näher als die blauen Kornblumen, obwohl beide direkt nebeneinander wachsen.

„Helle Blau- und Grüntöne wirken beruhigend, leuchtendes Gelb und Orange belebend und fröhlich."

Die dramatischen Gelb- und Pinktöne dieser Pflanzung können leicht mit einem Farbfächer bestimmt werden.

FARBEN *beschreiben und* IDENTIFIZIEREN

Es ist schwierig, eine Farbe zu beschreiben. Was dem einen Betrachter lindgrün erscheint, findet ein anderer gelbgrün. Aus diesem Grund gibt es verschiedene Systeme, die Farben genau definieren. Drucker und Designer verwenden häufig das Pantone®-System. Es enthält Tausende von Farben, die eindeutig über internationale Codes definiert sind und als Farbfächer erhältlich sind. Wissenschaftler bevorzugen das Munsell-Farbsystem. Es ist sehr präzise und enthält eine unvorstellbar große Menge von Farben, Tönen, Sättigungen und Schattierungen, die ebenfalls als Farbmuster dargestellt werden. Für Gärtner ist der Farbfächer der Royal Horticultural Society (RHS) bzw. des Blumenbüros Hollands (Bloemen Bureau Holland) interessant. Da sich nicht jeder Hobbygärtner einen entsprechenden Farbfächer kaufen wird, verwende ich in diesem Buch eine einfache RHS-Terminologie, beispielsweise „dunkles Rosaviolett" statt „Mauve", das Interpretationen zulässt. Das Experimentieren mit Farbe macht Spaß. Da sich die einzigartigen Farben der Pflanzen mit Jahreszeit, Licht, Wetter und den jeweiligen Partnern immer wieder ändern, ist die Wahl der Farben und ihrer Kombinationen eine spannende Herausforderung. Die Möglichkeiten sind schier endlos.

Wie man GANZJÄHRIG FARBE *erzielt*

In einem Garten, der an 365 Tage im Jahr Farbe bekennen soll, wachsen Pflanzen aus der ganzen Welt, den auf dieser blüht es in den verschiedenen Regionen das ganze Jahr hindurch. Ich habe die besten Pflanzen aus jeder Region ausgewählt, damit der Garten in jedem Monat des Jahres Farbe zeigt. Frühling und Sommer sind nicht besonders schwierig, aber im Winter brauchen wir Arten aus den Ländern der Südhalbkugel wie Chile, Australien, Südafrika und Neuseeland. Sie blühen im Südsommer, wenn bei uns Winter herrscht.

Bei der Konzeption des 365-Tage-Gartens verlassen wir uns aber nicht nur auf die Blüten der „Nebensaison", sondern auch auf Arten, die monatelang blühen. Einige der Dauerblüher (siehe S. 118 ff.) sind aus verschiedenen Gründen echte „Blütenfabriken". Pflanzen wie *Geranium* 'Rozanne' und *Geum* 'Total Tangerine' (rechts) wurden durch die Zucht steril und können keine Samen bilden. Sie blühen ohne Unterlass im fruchtlosen Versuch, sich zu vermehren. Andere wurden während der Zucht aus Wild- oder Kulturpflanzen selektiert, weil sie deutlich länger blühten als ihre Vettern. Natürlich pfuscht auch der Mensch durch Kreuzungen und Fremdbestäubung in die Natur hinein. So sind die sogenannten F1-Hybridsamen eindeutig von Menschen erzeugt: sie sind ein Kreuzungsprodukt zwischen zwei verschiedenen Elternsorten bzw. -rassen mit jeweils erwünschten Eigenschaften. Dabei kann es sich um Farbe, Wüchsigkeit oder Resistenz handeln, wobei bei den meisten Züchtern eine besonders reiche Blütenproduktion ganz oben auf der Liste steht. Die meisten F1-Hybriden blühen dank ihrer guten Eltern lange und üppig. Es gibt allerdings auch Pflanzen, die ohne Eingriffe des Menschen lange blühen. Manche Arten, die an extremen Standorten mit wenigen Bestäubern blühen, brauchen eine lange Blühperiode, um ihre Chancen auf Bestäubung zu erhöhen. Andere keimen schlecht und brauchen so viele Samen wie möglich. Die Gründe für die lange Blühperiode mögen unterschiedlich sein, aber diese Arten sind im 365-Tage-Garten unverzichtbar.

FARBFOLGEN

In der Tat ist es nicht unbedingt kompliziert, einen 365-Tage-Garten zu gestalten. Bereits einige Schlüsselarten sorgen ganzjährig für Farbe, aber für einen wirklich dynamischen Garten sind zusätzliche Pflanzen nötig. Mit Nachfolgern, die mit, durch, unter oder neben Arten wachsen, die ihren jahreszeitlichen Höhepunkt bereits überschritten haben, wird ein Maximum an Farbe pro Quadratmeter erreicht. In der Tat gibt es eine Reihe von Pflanzen, die für diesen Zweck ideal sind: früh blühende Zwiebelpflanzen kommen und gehen wieder, bevor der übrige Garten in den Frühling startet. Schneeglöckchen und Winterlinge wachsen perfekt unter und zwischen laubabwerfenden Sträuchern und Bäumen. Schon wenige Wochen, nachdem die letzten Blätter gefallen sind, folgen diese Winterblüher und bringen Licht und Farbe auf die nackte Erde.

Wenn der Frühling fortschreitet und die Stauden mit abwechslungsreichen Grüntönen austreiben, schieben sich Tulpen und *Allium*-Arten dazwischen. Sie blühen so lange, bis die Stauden das Farbenspiel übernehmen. Auch die später im Hoch- bis Spätsommer blühenden Zwiebel- und Knollenpflanzen sind ein Segen. Zwischen den Blütenstauden des Frühsommers bringen

Nach Höhen gestaffelte Pflanzungen, bei denen die verschiedenen Blumen im Laufe der Jahreszeiten erscheinen und sich wieder zurückziehen, bilden das Herz eines Gartens, der 365 Tage im Jahr attraktiv ist.

Vergissmeinnicht versamen sich leicht und erscheinen überall dort, wo sich Lücken im Beet auftun.

Sich selbst versamende Arten, einjährige Schlingpflanzen und Spätblüher sorgen für Farbe im Garten.

Im Uhrzeigersinn von oben links ***Gladiolus murielae, Onopordum acanthium, Eccremocarpus scaber*** **und** ***Mirabilis jalapa.***

Arten wie *Galtonia candicans* und *Gladiolus murielae* frisches Leben in Bereiche mit verblühten Sommerblumen. Arten, die sich selbst aussäen, garantieren kontinuierliche Farben. Königskerzen, *Verbena bonariensis*, Eselsdistel und Vergissmeinnicht verstreuen ihre Samen freigiebig im ganzen Garten. Diese liegen dicht unter der Oberfläche und warten nur auf den richtigen Moment, um zu keimen. Eine kleine Lücke und ein bisschen Licht und schon dehnen sie als perfekte Nachfolger die Blütezeit im Sommer und Herbst über mehrere Monate aus.

Auch spät austreibende Pflanzen sind sehr nützlich. Arten wie *Mirabilis jalapa* und *Asclepias syriaca* sind ideale Nachfolger, weil sie die absterbenden Blätter und Stängel der längst vergangenen Frühlingsstauden verdrängen. Das gilt auch für einjährige Kletterpflanzen. Prunkwinden, Glockenreben und Schönranken klettern über Sträucher oder kräftige Stauden und verlängern mit ihren Blüten die Farben bis in den Herbst hinein. Im Herbst kommen auch *Canna* und Dahlien zu ihrem Recht, die in Töpfen vorkultiviert und im Sommer in die Lücken im Beet gepflanzt werden. Es gibt nur wenige Pflanzen, die es zu dieser Jahreszeit mit der Opulenz ihrer Farben aufnehmen können.

Passende Nachfolger sorgen zusammen mit anderen Schlüsselpflanzen sicher dafür, platzsparend zusätzliche Farbe in den Garten zu bringen. Das ist relativ einfach und bringt uns einen Riesenschritt weiter auf dem Weg in den dynamischen 365-Tage-Garten.

Jeder Pflanze, die in den Jahreszeitenkapiteln (ab S. 41) vorgestellt wird, ist daher ein guter Nachfolger zugeordnet, damit überall im Garten ein Maximum an Farben erscheint.

FRÜHLINGS-PFLANZEN

VORFRÜHLING

Corydalis flexuosa 'China Blue'

Diese chinesischen Waldpflanzen sind zauberhaft: Blätter wie Spitze und eine Fülle blauer Blüten, deren zarte Details fast untergehen. Sie brauchen einen Standort im lichten Schatten und humusreichen Boden, der im Winter nicht staunass wird. Pflanzen Sie möglichst mehrere Exemplare unter Sträuchern am Wegrand, um sie gebührend bestaunen zu können. Ihr naher Verwandter, der heimische, gelb blühende Lerchensporn (*C. lutea*), dringt gerne in Mauern, Ritzen und Spalten ein. Ich lasse ihn in meinen Gärten gewähren – er ist robust und blüht neun Monate lang.

H/B: 25 × 30 cm
Farbwirkung: Blüten: Frühling; Blätter: Frühling bis Herbst
Gut in Kombination mit: Rosa, Gelb, Dunkelrot
Partner: *Primula denticulata*
Nachfolger: *Aquilegia vulgaris* 'Nivea'

Primula vulgaris

Die Stängellose Schlüsselblume gehört zu den schönsten heimischen Pflanzen. Sie wächst wild in Wiesen, an Waldrändern und in Hecken. Die hellgelben Blüten über den runzeligen, apfelgrünen Blättern blühen vom kühlen zeitigen bis zum späten Frühling. Die bescheidenen Schlüsselblumen lieben frischen, durchlässigen Boden und besiedeln im Laufe der Jahre größere Flächen. Aus Kreuzungen mit *P. veris* gingen blütenreiche, fleischige Pflanzen hervor, die ihre Eltern übertreffen. Versuchen Sie es mit *P. vulgaris* unter laubabwerfenden Sträuchern. Dort fallen sie im zeitigen Frühling auf und profitieren später vom lichten Schatten unter dem Strauch.

H/B: 30 × 30 cm
Farbwirkung: Blüten: Frühling; Blätter: Frühling bis Herbst
Gut in Kombination mit: Hellblau, Hellgrün, Rosa, Purpur
Partner: *Primula denticulata*
Nachfolger: *Aquilegia vulgaris* 'Nivea'

Humulus lupulus 'Aureus'

Hopfen ist ein Inbegriff für die Kraft des Frühlingsanfangs. Er sprießt mit halsbrecherischer Geschwindigkeit aus dem Boden und wächst 50 cm pro Woche. Hopfen wird wegen seiner Blattfarbe kultiviert. Sie hellt die Frühblüher auf und steht in lebhaftem Kontrast zu blau und purpurn blühenden Zwiebelpflanzen. Überlässt man ihn sich selbst, umwindet der Hopfen mit seinen Trieben alles, was er erreichen kann. Lassen Sie ihn besser unter kontrollierten Bedingungen an einem Stangenzelt, Rankgitter oder einem robusten Strauch ranken. Ich bevorzuge einfache Pfosten, an den ich Stäbe oder Gehölzschnitt anbinde. Daran klettert Hopfen bis 6 m hoch empor.

H/B: 600 × 50–60 cm (an Gittern oder Pfosten)
Farbwirkung: Blüten: Sommer; Blätter: Frühling bis Herbst
Gut in Kombination mit: Violett, Orange, Weiß, Orangebraun
Partner: *Rosa* 'Summer Song', *Tulipa* 'Spring Green'
Nachfolger: *Clematis* 'Polish Spirit' (im Frühling mit dem Hopfen auf 15 cm zurückschneiden)

Anemone blanda

Das Balkan-Windröschen zeichnet sich durch auffällige Staubblätter aus, die wie niedliche Cartoon-Augenwimpern aus mittelblauen Kronblättern herausragen. Die knorrigen Knollen sehen zwar nicht sehr vielversprechend aus, doch wenn sie sich in durchlässigem Waldboden etabliert haben, treiben sie jedes Frühjahr aus und erobern Stück für Stück den Garten. Ich pflanze sie auch lagenweise mit Tulpen in Töpfe, wo sie bereits vor und bis nach den Tulpen blühen. Sie lohnen einen Versuch in der Sonne oder im lichten Schatten.
Das gilt auch für die größere *A. coronaria* mit größeren Blüten, die im Frühling in den wohl intensivsten Rot- und Blautönen blüht.

H/B: 20 × 30–40 cm
Farbwirkung: Blüten: Frühling; Blätter: Frühling, Sommer
Gut in Kombination mit: Rosa, Weiß, Hellgelb, Purpur
Partner: *Tulipa* 'Pink Diamond'
Nachfolger: *Convallaria majalis*

Nonea lutea

Raublattgewächse stellen mit *Omphalodes*, *Pulmonaria* und anderen zwar eine ganz Menge Frühblüher, doch *Nonea* wird gerne übersehen. Sie wächst als niedriges, kompaktes Polster und blüht ab dem Frühling bis spät ins Jahr mit buttergelben Blüten in einem purpurbraunen Kelch. *Nonea* sät sich selbst aus, ist aber nicht aggressiv, und da man sie an den rauen, warzigen Blättern gut erkennt, lässt sie sich an unerwünschten Stellen problemlos jäten. Als typische Waldrandpflanze bringt sie Hasenglöckchen und frühe Storchschnäbel hervorragend zur Geltung. Lassen Sie die Pflanzen stehen, bis sie sich ausgesät hat, oder sammeln Sie die Samen (Aussaat im Sommer).

H/B: 30 × 40 cm
Farbwirkung: Blüten: Frühling; Blätter: Frühling, Frühsommer
Gut in Kombination mit: Weiß, Hellblau, Hellviolett, dunklem Purpurrot
Partner: *Anemone blanda*
Nachfolger: *Lilium martagon*

Chaenomeles × superba 'Pink Lady'

Dieser drahtige Strauch setzt im Übergang zum zeitigen Frühjahr im Staudenbeet oder an einer Mauer farbige Akzente. Andere großartige Zierquitten wie *C. × superba* 'Crimson and Gold' und die elegante, weiße *C. speciosa* 'Nivalis' folgen später, *C. × superba* 'Pink Lady' ist jedoch die Allererste. Alle sind trotz ihrer fernöstlichen Anmutung robuste Sträucher, die auf den meisten Böden, in Sonne und lichtem Schatten gedeihen. Die Früchte sind gekocht oder als Marmelade essbar, mir sagt das feine Aroma der echten Quitten (*Cydonia oblonga)* jedoch mehr zu.

H/B: 150 × 150 cm
Farbwirkung: Blüten: Frühling; Blätter: Frühling bis Herbst
Gut in Kombination mit: Silber, Weiß, Hellviolett, hellem Gelbgrün
Partner: *Clematis alpina* 'Pamela Jackman'
Nachfolger: *Rhodochiton atrosanguineus*

Chrysosplenium macrophyllum

Diese recht ungewöhnliche Pflanze sieht wie eine Mischung aus Bergenie, Hauswurz und riesiger Knotenblume aus. Die kleinen, rosaweißen Blüten stehen in endständigen Trugdolden, die an Wiesenkerbel erinnern. Jede Blüte sitzt auf einer Halskrause aus hellen apfelweißen Hochblättern. Der Burgunderton der Stängel vervollständigt die elegante Palette. Da sie sich gegen wüchsigere Nachbarn kaum durchsetzt, braucht sie ein Plätzchen für sich. Am besten ist ein schattiger, aber nicht stockdunkler Standort; sie kommt mit wenig Licht für ihre langsam kriechenden Rhizome aus. Die Blätter stehen lockerer als bei Bergenien, setzen aber ganzjährig einen markanten Akzent.

H/B: 30 × 100 cm und mehr
Farbwirkung: Blüten: Frühling; Blätter: ganzjährig
Gut in Kombination mit: Silber, Weiß, Hellblau, Hellgelb
Partner: eigentlich keiner, aber *Deschampsia cespitosa* 'Goldtau' macht sich gut als Hintergrund
Nachfolger: *Ajuga reptans* 'Tricolor'

Tulipa clusiana

Es gibt zahlreiche Tulpengruppen und -klassen mit einer grandiosen, schier überwältigenden Auswahl. Am einfachsten unterteilt man sie jedoch in folgende zwei Gruppen: Tulpen, die jährlich wiederkommen wie die Darwin-Tulpen, sowie nur eine Saison blühende Sorten. Die dunkelrosa und weiß blühende *T. clusiana* erscheint in durchlässigem Boden verlässlich jedes Frühjahr. Die schlanke Tulpe mit den graublauen Blättern wirkt sehr elegant. Unter den einjährigen Sorten lohnt *T.* 'Showwinner' einen Versuch. Sie blüht wunderschön sehr früh drei oder mehr Wochen lang mit roten Blüten neben frühen dunkelvioletten Krokussen. Das Laub kann im Spätfrühling kompostiert werden.

H/B: 30 × 10 cm
Farbwirkung: Blüten: Frühling; Blätter: Frühling
Gut in Kombination mit: Hellviolett, Hellrosa, Hellblau
Partner: *Myosotis* 'Blue Ball'
Nachfolger: *Allium christophii*

Euphorbia polychroma

Das Chartreuse-Grün der Blütenstände über dem dichten Blattpolster verstärkt das Leuchten praktisch jeder kräftigen Frühlingsfarbe. Vermeiden Sie eine Kombination mit hellen Tönen: zartes Pink und ausgewaschenes Gelb wirken neben ihm fast geschmacklos. Auf durchlässigem Boden mit gutem Luftaustausch und ohne die Konkurrenz wüchsiger Stauden, die sie bedrängen, gedeiht diese Wolfsmilch bestens. Pflanzen Sie mehrere Exemplare im Vordergrund einer Rabatte oder in einen Kiesgarten. Achten Sie zum Frühlingsausklang auf die Nachbarn: der matte bis schmutzige Senfton, den sie annimmt, passt gut zu orangefarbenen und roten Blüten oder dunklem Laub.

H/B: 45 × 45 cm
Farbwirkung: Blüten: Frühling; Blätter: Frühling bis Herbst
Gut in Kombination mit: Violett, Orange, Weiß, Dunkelrosa, Rot
Partner: *Tulipa* 'Princess Irene'
Nachfolger: *Geum* 'Mrs J. Bradshaw'

10 WEITERE PFLANZEN

1. ***Aurinia saxatilis***
2. ***Brunnera macrophylla* 'Jack Frost'**
3. ***Viola odorata***
4. ***Muscari comosum***
5. ***Prunus cerasifera***
6. ***Corylopsis pauciflora***
7. ***Viola × wittrockiana***
8. ***Sarcococca hookeriana* var. *digyna***
9. ***Daphne mezereum***
10. ***Hebe* spp.**

Lathyrus vernus

Während manche Verwandten der Platterbse etwas Zuwendung brauchen, kommt diese frühe Polsterpflanze bestens allein zurecht. Sie ist mir zum ersten Mal im Garten der verstorbenen Pflanzenkennerin und Autorin Margery Fish aufgefallen. Während die anderen Stauden gerade zu sprießen begannen, wuchs die Platterbse schon fröhlich in den Frühling hinein.

Die Blüten schimmerten in violetten, purpurnen, roten und blauen Tönen, die miteinander zu einem köstlichen polychromen Dunst verschmolzen. Da die Pflanze kaum über 35 cm hoch wird, hatte sie Mrs. Fish auf steinige Böschungen und erhöhte Standorte gepflanzt, wo ihre Farbenpracht dem Auge des Betrachters näher war. Platterbsen sind nicht mäkelig und gedeihen in lichtem Schatten in humusreichem, durchlässigem Boden.

H/B: 35 × 45 cm
Farbwirkung: Blüten: Frühling; Blätter: Frühling bis Herbst
Gut in Kombination mit: Hellgelb, Gelbgrün, Purpurrosa
Partner: *Primula vulgaris*
Nachfolger: *Allium caeruleum*

VOLLFRÜHLING

Smyrnium perfoliatum

Die zweijährige Pflanze, die an Wolfsmilchgewächse erinnert, schmeichelt praktisch jeder anderen Frühlingspflanze, da ihre gelbgrünen Hochblätter alle Farben zum Leuchten bringen. Sie siedelt sich problemlos in halbschattigen Rabatten und Waldbeeten an und kommt mit minimaler Pflege aus: zupfen Sie unerwünschte Keimlinge nach der Selbstaussaat aus. Ich erinnere mich an eine perfekte Kombination mit orange blühender *Berberis darwinii* und der Rinde des Zimt-Ahorns *Acer griseum*, die ich irgendwo gesehen habe. *Smyrnium* wird im Sommer in flache Rillen gesät und feucht gehalten, bis sich die Pflänzchen etabliert haben – danach müssen Sie nie wieder säen.

H/B: 100 × 50 cm
Farbwirkung: Blüten: Frühling; Blätter: Frühling
Gut in Kombination mit: Violett, Purpur, Blau, Orange
Partner: *Tulipa* 'Negrita'
Nachfolger: *Lilium henryi*

Myosotis sylvatica

Wenn sich das zwei- bis mehrjährige Wald-Vergissmeinnicht im Garten wohlfühlt, ist es ein idealer Lückenfüller und taucht auf offenem Boden oder Kies auf. Ich habe schon mehrfach kompakte Sorten als Beetpflanzen verwendet, bevorzuge aber die reinblaue Wildform, die sich an einigen Stellen etablieren sollte und dann sich selbst überlassen bleibt. Das Vergissmeinnicht blüht drei bis vier Monate lang, von Frühling bis Sommer. Die Wuchsform ist standortabhängig: im Schatten bildet es lange, schwebende Blütenstände, in der Sonne kompaktere Polster. Wie der Name sagt, mag es waldartigen Boden und lichten Schatten, setzt sich aber fast überall fest.

H/B: 40 × 30 cm
Farbwirkung: Blüten: Frühling, Sommer; Blätter: Frühling, Sommer
Gut in Kombination mit: Hellgelb, Orange, Hellrosa, Weiß, Purpur
Partner: *Tulipa* 'Carnaval de Nice'
Nachfolger: *Alchemilla mollis*

Lamium orvala

Die wahrscheinlich beste Taubnesselart bildet ihre an Orchideen erinnernden Blüten schon ab dem zeitigen Frühjahr in den Blattachseln. Sie fallen aber erst ins Auge, wenn die Pflanze etwa 40 cm hoch ist. Die für Taubnesseln recht großen, schmutzig rosa Lippenblüten mit geflecktem Schlund stehen in Quirlen und bleiben bis in den Sommer sichtbar. Sie wuchert nicht wie andere Taubnesseln, sondern bildet kompakte Horste auf humosem, durchlässigem Boden und verträgt sogar etwas trockenen Schatten. Sie wächst gut neben Farnen und anderen Pflanzen und passt großartig zu purpurbraunen Tulpen wie 'Queen of Night'.

H/B: 40 × 40 cm
Farbwirkung: Blüten: Frühling, Sommer; Blätter: Frühling, Sommer
Gut in Kombination mit: dunklem Purpurbraun, Purpur, Gelbgrün
Partner: *Tulipa* 'Queen of Night'
Nachfolger: *Lunaria rediviva*

Myrrhis odorata

Süßdolden sind seit Jahrhunderten als Heilpflanzen bekannt. Alle Teile sind essbar; mit gekochten Früchten schmeckt sie anisartig süß. Angeblich soll sie 2 m hoch werden, erreicht nach meinen Erfahrungen im lichten Schatten aber selten mehr als 1 m. Sie blüht mit zierlichen weißen Blütendolden ab dem Frühling mehrere Monate lang bis in den Sommer. Wird sie im Frühsommer bis zum Boden zurückgeschnitten, treibt ein Polster weicher Blätter aus, die zum Streicheln verführen und bis zum Herbst halten. Süßdolden wachsen in jedem normalen Gartenboden als Hintergrund von Frühblühern oder in wilden Bereichen.

H/B: 100 × 100 cm
Farbwirkung: Blüten: Frühling, Sommer; Blätter: Frühling bis Herbst
Gut in Kombination mit: Dunkelgrün, Purpur, Hellblau, Hellrosa, Weiß
Partner: *Viola* 'Belmont Blue'
Nachfolger: *Polemonium* 'Blue Pearl'

Malus 'Royalty'

Im Frühling gibt es zahlreiche Bäume mit hellrosa Blüten, nur *M.* 'Royalty' sorgt mit dunkelpurpurnen Blättern und Blüten für etwas Abwechslung. Eigentlich lässt sich Purpur nicht mit dunklerem Purpur kombinieren – hier klappt das aber. Ich habe diesen robusten Baum mit seiner rundlichen Krone schon als Teenager geliebt, als ich in einer Baumschule jobbte. Der relativ kleine, 4–6 m hohe Baum ist ideal für kleine Gärten. Die 2 m hohe Trauerform *M.* 'Royal Beauty' hat ähnliche Qualitäten. Beide Sorten wachsen in jedem Gartenboden, bilden ihre schöne Blattfarbe aber nur in voller Sonne. Setzen Sie beim Pflanzen die Stütze tief an, damit sich die Krone bewegen kann und die Wurzeln gut anwachsen.

H/B: 6 × 4 m
Farbwirkung: Blüten: Frühling; Blätter: Frühling bis Herbst
Gut in Kombination mit: Hellblau, Rot, hellem Purpurrosa, Weiß
Partner: *Lunaria annua* 'Munstead Purple'
Nachfolger: *Clematis* 'Purpurea Plena Elegans'

Fritillaria imperialis 'Kaiser'

Kaiserkronen sind die größten und spektakulärsten *Fritillaria*-Arten. Sie kündigen sich im Frühling, noch bevor sie die Erde durchbrechen, mit einem strengen Duft an. Nach knapp vier Wochen erscheinen die leuchtend orangefarbenen Blüten. Sie hängen in einem Quirl herab und werden von einem Blattschopf gekrönt. Kaiserkronen brauchen volle Sonne und durchlässigen Boden. Sie wirken am besten in Steingärten oder zwischen Bodendeckern wie Funkien oder niedrigen Zwiebelpflanzen. Kaiserkronen brauchen keine Stütze, sollten aber vor Schnecken geschützt werden.

H/B: 120 × 30 cm
Farbwirkung: Blüten: Frühling; Blätter: Frühling, Sommer
Gut in Kombination mit: Violett, Purpur, Hellgelb, Grün, Blau
Partner: *Tulipa* 'Negrita'
Nachfolger: *Allium hollandicum*

Viola 'Jackanapes'

Dieses Veilchen mit Hunderten vorwitziger, zweifarbiger Blüten wirkt zwanglos fröhlich. Die beiden oberen Kronblätter sind dunkelpurpurbraun, die unteren drei kräftig gelb gefärbt. Das macht die Partnersuche zur Herausforderung, doch harmoniert die Sorte mit bronze- oder gelbblättrigen Pflanzen. Sie trägt ihren bizarren Namen nach dem Affen, den sich Gertrude Jekyll als Haustier hielt. *V.* 'Jackanapes' blüht drei Monate oder länger. Sie treibt auf den meisten Böden in Sonne oder Halbschatten Jahr für Jahr aus, es empfiehlt sich aber, Stecklinge zu schneiden. Auch andere Veilchen wie *V. tricolor* (violett, gelb und weiß) und *V. cornuta* (blau und weiß) blühen reichlich und lange.

H/B: 30 × 25 cm
Farbwirkung: Blüten: Frühling, Sommer; Blätter: Frühling, Sommer
Gut in Kombination mit: Gelb, dunklem Purpurbraun, Gelbgrün
Partner: *Euphorbia amygdaloides* 'Purpurea'
Nachfolger: *Lysimachia ciliata* 'Firecracker'

Clematis montana 'Broughton Star'

Von *C. montana* sind viele gute Gartensorten im Handel. *C.* 'Broughton Star' blüht ab der Frühlingsmitte bis in den Sommer hinein und überzieht rasch Wände, Rankgitter und große Sträucher mit duftenden, gefüllten, changierenden, purpurrosa Blüten. Pflanzen Sie den Strauch etwas tiefer ein, um die gefürchtete Clematiswelke zu vermeiden. Der Rückschnitt beschränkt sich gewöhnlich auf tote, kranke oder beschädigte Triebe. Ich schneide alte, verwilderte Exemplare um die Hälfte zurück, was sie gut verkraften. Die bis 8 m hoch kletternde Waldrebe braucht viel Platz, etwa einen ausgewachsenen Baum, Strauch oder ein Rankgitter. Ein Standort in voller Sonne mit frischem Boden ist ideal.

H/B: 6 × 3 m
Farbwirkung: Blüten: Frühling, Sommer; Blätter: Frühling, Sommer
Gut in Kombination mit: Dunkelrosa, Gelbgrün, Hellblau, Silber
Partner: *Elaeagnus* 'Quicksilver'
Nachfolger: *Rosa* 'American Pillar' (Rambler-Rose)

Dicentra formosa 'Bacchanal'

Das normale Tränende Herz ist eine verlässliche Frühlingsstaude, doch *D. formosa* 'Bacchanal' hat mehr zu bieten. Seine tiefrotpurpurnen Blüten leuchten über einem bodendeckenden Teppich aus gefiederten, hellen, graugrünen Blättern. Die herzförmigen Blüten bilden 20 cm über den Blättern eine zweite Farbebene – in meinen Augen eine perfekte, natürliche Kombination. Die Staude gedeiht in Sonne oder Halbschatten auf frischem Boden. Sie ist perfekt für den Vordergrund, da die Blätter nach dem Welken der Blüten monatelang frisch bleiben. Bei Bedarf im Frühling teilen.

H/B: 40 × 45 cm
Farbwirkung: Blüten: Frühling, Sommer; Blätter: Frühling, Sommer
Gut in Kombination mit: Violett, Hellblau, Rosa
Partner: *Myosotis sylvatica*
Nachfolger: *Tricyrtis* 'Empress'

10 WEITERE PFLANZEN

1. ***Mertensia virginica***
2. ***Epimedium* sp.**
3. ***Convallaria majalis* 'Albostriata'**
4. ***Lunaria rediviva***
5. ***Geranium phaeum* 'Samobor'**
6. ***Clianthus puniceus***
7. ***Phlox divaricata* 'Clouds of Perfume'**
8. ***Euphorbia amygdaloides* 'Purpurea'**
9. ***Aubrietia* spp.**
10. ***Akebia quinata***

Stylophorum lasiocarpum

Diese Staude wird viel zu selten berücksichtigt. Im Unterschied zum verwandten Klatsch-Mohn, der die Sonne liebt, fühlt sie sich im lichten Schatten wohl. Schon ehe die Hauptblüte im Spätfrühling einsetzt, zeigen sich zu Frühlingsbeginn erste, gelbe Blüten. Die kompakten Blattpolster sind hübsche Bodendecker und die hellgrünen Blätter bleiben bis zum Herbst frisch. Sie sät sich im Halbschatten aus, gerät aber nie außer Kontrolle. Zwischen Frühblühern verdecken ihre sprießenden Blätter deren welkenden Blätter, etwa von Schneeglöckchen. Teilen Sie die Staude im Herbst oder Frühling und säen Sie gesammelte Samen im Spätsommer aus.

H/B: 50 × 40 cm
Farbwirkung: Blüten: Frühling, Sommer; Blätter: Frühling bis Herbst
Gut in Kombination mit: Violett, Hellblau, Orange, Rot
Partner: *Epimedium × rubrum*
Nachfolger: *Crocus sativus*

SPÄTFRÜHLING

Narcissus poeticus var. *recurvus*

Diese sehr spezielle Narzisse, die als letzte ihres Clans im sehr späten Frühling blüht, duftet ganz unerwartet süß nach Jasmin – ein Rohstoff für die Parfümindustrie. Die Blütenebene steht fast vertikal und präsentiert reinweiße Blütenblätter und eine kompakte, gelbe Nebenkrone mit rotem Rand. Sie gilt als eine der ersten kultivierten Narzissen und könnte eine Rolle in der griechischen Sage von Narziss gespielt haben. Die Narzisse braucht einen offenen Standort in voller Sonne und durchlässigen, frischen Boden. Wählen Sie einen Platz am Wegrand, um den Duft genießen und die Blüten schneiden zu können.

H/B: 45 × 10 cm
Farbwirkung: Blüten: Frühling, Sommer; Blätter: Sommer
Gut in Kombination mit: Orangegelb, Violett, Hellblau, Gelbgrün
Partner: *Spiraea japonica* 'Goldflame' oder ohne Partner im Rasen
Nachfolger: *Allium sphaerocephalon* (im Beet)

Centranthus ruber

Einige Gärtner halten die lange blühende Rote Spornblume für Unkraut, doch in meinem Garten hat sie einen festen Platz. Sicher, sie breitet sich aggressiv aus, aber dafür gibt es schließlich Hacken. Mit Glück wächst sie an Mauern, was viel besser wäre als ein unberechenbarer Schmetterlingsstrauch. Die Blüten in leicht verwaschenem Rot passen bestens zu fast allen Farben. Spornblumen lieben volle Sonne und nährstoffarmen, durchlässigen Boden. Sie passen in naturnahe Beete, sehen aber auch zwischen Stauden gut aus. Schneiden Sie die Staude nach der Blüte kräftig zurück, um eine Nachblüte anzuregen. Oder lassen Sie die Samen ausreifen.

H/B: 70 × 50 cm
Farbwirkung: Blüten: Frühling bis Herbst; Blätter: nahezu ganzjährig
Gut in Kombination mit: Violett, Hellrosa, Grün, schmutzigem Weiß, Silber
Partner: *Lavandula* 'Hidcote'
Nachfolger: *Erigeron karvinskianus* (blüht, wenn die Spornblume ruht)

Astrantia 'Roma'

Diese zierliche Staude blüht, mit einer kleinen Pause im Hochsommer, ununterbrochen vom Spätfrühling bis zum Spätherbst. Die Einzelblüten stehen auf zarten Stielen in einer mittelrosafarbenen Dolde, die sich bestens vom „Kragen" aus helleren Hochblättern abhebt. Die Sterndolde wird seit Hunderten von Jahren in Gärten kultiviert, hat aber kürzlich eine Renaissance erlebt und die Züchter zu zahllosen neuen Sorten inspiriert. Sie gedeiht in nährstoffreichem, frischem Boden in voller Sonne oder lichtem Schatten. Wenn Sie die Staude alle paar Jahre im Frühling teilen und wieder einpflanzen, bedeckt die Kolonie den Boden und hält das Unkraut in Schach; es lohnt sich, die welken Blüten regelmäßig abzuschneiden.

H/B: 60 × 40 cm
Farbwirkung: Blüten: Frühling bis Herbst; Blätter: Frühling bis Herbst
Gut in Kombination mit: Violett, Dunkelrosa, Hellgrün, Weiß, Silber, Blau
Partner: *Campanula glomerata* 'Superba'
Nachfolger: *Allium*-Arten

Iris sibirica

Im Unterschied zu vielen anderen Schwertlilien sieht *I. sibirica* mit ihren hübschen, schmalen, aufrechten Blättern auch nach der Blüte noch attraktiv aus. Auf frischem Boden, in voller Sonne oder sehr lichtem Schatten blüht sie etwa vier Wochen lang. Die Blütenstängel, jeder mit drei bis fünf formschönen Blüten, überragen die Blätter. Es gibt ein breites Spektrum von Sorten in unterschiedlichen Blautönen. Bei der großartigen *I. sibirica* 'Silver Edge' heben sich die weiß gesäumten Kronblätter voneinander ab und wirken nicht nur wie ein blauer Farbfleck.

H/B: 120 × 50 cm
Farbwirkung: Blüten: Frühling, Sommer; Blätter: Frühling bis Herbst
Gut in Kombination mit: Silber, Hellgelb, Orange, Weiß
Partner: *Geum* 'Totally Tangerine'
Nachfolger: *Ligularia* 'The Rocket'

Polemonium 'Northern Lights'

Während die Wildform der Jakobsleiter zwei bis drei Monate lang blüht, hält die Blüte der sterilen Sorte 'Northern Lights' über vier Monate an. Anfangs dachte ich, die Züchter hätten die kompakt wachsende Sorte nur entwickelt, weil davon mehr auf einen Einkaufswagen im Gartencenter passen. Gerade der niedrige Wuchs gehört, neben den weit offenen Blüten und einem Hauch von Duft, zu den Stärken dieser Sorte. Die leuchtend hellblauen Blüten setzen sich wunderschön gegen das farnartige Laubs ab. 'Sonia's Bluebell' blüht noch heller blau. Beide gedeihen auf durchlässigem, frischem Boden im Gehölzschatten.

H/B: 30 × 30 cm
Farbwirkung: Blüten: Frühling, Sommer; Blätter: Frühling bis Herbst
Gut in Kombination mit: Silber, Hellgelb, Orange, Weiß, Purpur, Rot, Rosa
Partner: *Astrantia major* 'Rubra'
Nachfolger: *Nigella damascena*

Lupinus 'Terracotta'

Das Farbenspektrum der Lupinen war ohnehin schon beeindruckend, doch die Hingabe der Züchter hat uns einen neuen Reichtum changierender Farbtöne beschert. Die hoch aufragenden, farbigen Blütentrauben wirken sehr zierlich. Sie blühen im Spätfrühling und Frühsommer etwa sechs Wochen lang. Die mittelgrünen, handförmig geteilten Blätter bilden ein dichtes Polster, auf dem Regen- oder Tautropfen glitzern. In den Blüten von *L.* 'Terracotta' verbinden sich Gelb, Apricot und Orange zu einem schimmernden Terrakottaton. Lupinen wachsen am besten in voller Sonne auf einem durchlässigen, frischen Boden im Beethintergrund, wo ihre welken Blätter später im Jahr von anderen Stauden verdeckt werden.

H/B: 100 × 60 cm
Farbwirkung: Blüten: Frühling, Sommer; Blätter: Frühling bis Herbst
Gut in Kombination mit: Silber, Hellgelb, Violett, Blau, Gelbgrün
Partner: *Iris sibirica*
Nachfolger: *Nicotiana* × *sanderae* 'Domino Salmon Pink'

Aquilegia 'Ruby Port'

Vor ein paar Jahren war diese exklusive Akelei der Star der Chelsea Flower Show. Danach tauchte sie in jedem Garten auf, kein Wunder bei dem aufrechten Wuchs und der Masse dunkelpurpurroter Blüten. Wie die meisten Arten dieser Gattung gedeiht sie in lichtem Schatten bis Sonne auf frischem bis feuchtem Boden. Sie blüht bis zu zwei Monate lang und schimmert am schönsten zwischen schmalen Gräserhorsten hervor, z. B. vom schwach purpurn überlaufenen Reitgras *Calamagrostis* × *acutiflora* 'Karl Foerster'. Die Akelei fühlt sich in Staudenbeeten oder am Waldrand wohl. Schneiden Sie die Pflanze nach der Blüte bis auf den Boden zurück, um das Laub zu verjüngen.

H/B: 80 × 40 cm
Farbwirkung: Blüten: Frühling, Sommer; Blätter: Frühling bis Herbst
Gut in Kombination mit: Blau, hellem Orange, hellem Gelbgrün, Blaugrün
Partner: *Euphorbia amygdaloides* var. *robbiae*
Nachfolger: *Calamagrostis* × *acutiflora* 'Karl Foerster'

Campanula glomerata 'Caroline'

Blaue, weiße, violette und purpurne Töne verleihen den Blütenköpfchen dieser verlässlichen Glockenblume eine ätherische Atmosphäre. Während andere Sorten mit dunklen Blüten oft kaum zu sehen sind, glitzert diese Sorte in Sonne oder Halbschatten, wo sie sich langsam als nützlicher, blütenreicher Bodendecker ausbreitet. Schneiden Sie die erste Blütengeneration ab, um die Staude zu einer Nachblüte anzuregen, die bis zum Spätsommer anhält. Sie gehört in den Vordergrund einer Stauden- oder gemischten Rabatte neben zarte Gräser, dunkelviolette Blüten und silbernes Laub.

H/B: 40 × 60 cm
Farbwirkung: Blüten: Frühling, Sommer; Blätter: Frühling bis Herbst
Gut in Kombination mit: Purpur, Weiß, hellem Orange, Violett
Partner: *Aquilegia* 'Ruby Port'
Nachfolger: *Salvia greggii* 'Navajo Dark Purple'

Geum rivale 'Leonard's Variety'

Während manche kompakten Sorten überzüchtet wirken, erinnert diese an Märchen und geheime Gärten. Sie blüht etwa zwei Monate lang in einem einzigartigen, orangerot überlaufenen Rosarot über üppigem, hellgrünem Laub. Die attraktiven Blätter bilden kompakte Polster, die nach der Blüte bis zum Winter frisch aussehen. Pflanzen Sie mehrere Exemplare nebeneinander, damit die charakteristische Blütenfarbe deutlich zur Geltung kommt, oder in Töpfe für den Frühling. Ideal ist ein vollsonniger Standort, der nachmittags leicht beschattet wird. Wenn *Geum* alle paar Jahre geteilt werden, bleiben sie gesund und wüchsig.

H/B: 40 × 40 cm
Farbwirkung: Blüten: Frühling, Sommer; Blätter: Frühling bis Herbst
Gut in Kombination mit: Weiß, Blaugrau, hellem Violett, Dunkelrosa
Partner: *Lysimachia ephemerum*
Nachfolger: *Alchemilla mollis*

10 WEITERE PFLANZEN

1. *Angelica archangelica*
2. *Olearia × scilloniensis*
3. *Abutilon × suntense*
4. *Hesperis matronalis*
5. *Glaucium flavum f. fulvum*
6. *Oenothera macrocarpa*
7. *Leptospermum scoparium* 'Red Damask'
8. *Gladiolus communis* subsp. *byzantinus*
9. *Calamagrostis × acutiflora* 'Karl Foerster'
10. *Nepeta* 'Walker's Low'

PFLANZEN & PFLEGEN

Richtig PFLANZEN *und* PFLEGEN

Mit ein paar gärtnerischen Tricks können Sie die Blütezeit bestimmter Beete verlängern.

Mit der Auswahl und Zusammenstellung ausgewählter Pflanzenfarben ist es nicht getan. Nur wenn die Pflanzen gut anwachsen und gepflegt werden, gedeihen und blühen sie prächtig und füllen den Garten in allen Jahreszeiten mit ihren Farben. Der richtige Standort, der passende Boden, Düngen, Stützen, Mulchen und Gießen garantieren gut etablierte Stauden. Wenn Sie zudem Krankheiten und Schädlinge unter Kontrolle halten, läuft alles glatt. Schließlich gibt es noch einige Tricks, damit Ihr Garten noch farbenprächtiger wird.

Richtiges Pflanzen, eine gute Pflege und kluges Gärtnern sind der Garant für üppiger, früher, später oder länger blühende Stauden. Ein Paradebeispiel ist der herrlich dunkelrosa blühende Storchschnabel *Geranium psilostemon*. In voller Sonne auf gut vorbereitetem Boden wächst er ordentlich, aber mit Dünger zu Beginn und in der Mitte der Blühperiode, sowie einem kräftigen Rückschnitt nach der ersten Blüte zeigen sich im Spätsommer üppige neue Blätter und ein zweiter Blütenflor. Ohne Hilfestellung blüht er einige Monate, doch mit den richtigen Maßnahmen behält er seine Farben fast während der ganzen Gartensaison.

Wenn Sie von Anfang an sachgerecht gärtnern und einige einfache Techniken und Tricks anwenden, erhalten Sie einen Garten, der 365 Tage in einem wahren Farbenkaleidoskop erstrahlt.

Den BODEN *verstehen und* VERBESSERN

Nach einigen Jahren kennt man die Schwachstellen seines Gartens: die feuchte Ecke, die nie austrocknet, die Steine und die Stelle, an der nichts wächst. Ein neuer Garten hingegen ist eine große Unbekannte. Sie könnten abwarten oder aber zum Spaten greifen und den Lernprozess beschleunigen. Denn wenn Sie ein paar Löcher (drei Spatenblätter tief) graben, erfahren Sie erstaunlich viel über Struktur, Bestandteile, Dränage und Verdichtung Ihres Bodens.

Sehen Sie sich die im Garten wachsenden Pflanzen an, denn sie verraten etwas über den Bodentyp und seine Fähigkeit, Wasser zu speichern. Glückspilze haben einen Garten mit dunkelbraunem Boden, der zwar etwas Wasser speichert (frischer Boden), jedoch durchlässig ist. Tatsächlich sind die meisten Böden zu schwer oder zu leicht. Es gibt zwar Pflanzenarten für jeden vorhandenen Wasser- und Nährstoffgehalt, aber die meisten Böden – sandig und leicht oder tonig und schwer – profitieren von zusätzlichem organischem Material. Sowohl in leichten als auch in schweren Böden verbessert dieses Dränage, Struktur, mikrobielle Aktivität und Nährstoffgehalt. Als organisches Material eignen sich Gartenkompost, kompostierter Grünabfall, Laub- oder Pilzkompost oder Algen, doch mein persönlicher Favorit ist gut verrotteter Stallmist. Früher gab es Stallmist fast umsonst, heute ist er ein wertvoller Rohstoff. Suchen Sie im Internet nach Anbietern. Ich rechne dabei wie folgt: Länge × Breite in Zentimetern des Beetes × 15 cm ergibt das Volumen an benötigtem Mist. Wird dieser in den Boden eingearbeitet – einfache oder doppelte Spatentiefe –, verbessern sich die Bedingungen für die Pflanzen erheblich.

EINPFLANZEN

Egal, ob Sie nun ein kleines Pflänzchen oder einen halb ausgewachsenen Baum pflanzen wollen, die Methode ist dabei immer dieselbe. Dabei hat jeder Gärtner seine eigene – hier folgt meine: Graben Sie das Pflanzloch doppelt so tief und breit wie den Wurzelballen. Mischen Sie den Aushub mit organischem Material (1:1) und füllen Sie das Loch damit teilweise wieder auf. Lösen Sie die Wurzeln verholzter Pflanzen, die um den Ballen gewachsen sind; bei Stauden und Einjährigen ist das nicht nötig. Setzen Sie die Pflanze ein; die Oberkante des Wurzelballens sollte etwa einen halben Zentimeter unter dem Bodenniveau liegen. Drücken Sie die übrige Erde seitlich um den Ballen; nicht von oben auf den Ballen drücken, das könnte die unteren Wurzeln schädigen. Streuen Sie etwas lockere Erde auf den Ballen und formen Sie einen niedrigen Erdwall, damit das Gießwasser nicht abfließt, sondern in den Boden eindringt. Gießen Sie mit 1 l Wasser pro Liter Topfinhalt (also 3 l für einen 3-l-Topf) an. Das reicht, um den Boden setzen zu lassen, stabilisiert die Pflanze und versorgt sie mit dem nötigen Wasser für die ersten Tage.

STÄBEN *und* STÜTZEN

In der Natur kommen Pflanzen bestens ohne die Unterstützung eines Gärtners zurecht, aber Gartenpflanzen und kultivierte Wildpflanzen können Hilfestellung gebrauchen. Im Garten leben Wildpflanzen ein Luxusleben: sie bekommen mehr Wasser und Nährstoffe als in ihrem natürlichen Lebensraum und reagieren darauf häufig mit üppigerem Wachstum, aber schwächeren Trieben – hier helfen Stützen. Andererseits haben Gartenpflanzen auch andere Bedürfnisse als Wildpflanzen. Seit Menschen Pflanzen kultivieren, haben sie durch Auswahl, Zucht und Hybridkreuzungen größere Pflanzen mit schwereren Blüten angestrebt. So entstanden Sorten, die sich ohne unsere Hilfe kaum aufrecht halten können. Bei ihnen sind Stäbe und Stützen ein notweniges Übel. Sie sollten im Idealfall so unauffällig sein, dass sie nicht von den Pflanzen ablenken.

Rechts
Stäbe und Staudenstützen müssen frühzeitig angebracht werden.

Gegenüber links
Lassen Sie die Stauden wie Erbsen durch Reisig wachsen, dann fallen sie bei Wind und Regen nicht so schnell um.

Gegenüber rechts
Gehölze, vor allem Hochstämme, müssen in den ersten Jahren mit einem Pflock fixiert werden, damit sie gut anwachsen.

Reisig als Stütze

Hasel- und anderer Strauchreisig eignet sich gut als Stütze. Ideal sind fächerförmige, 1–1,5 m lange, reich verzweigte Äste mit kräftigem Mittelast, der sich gut in die Erde stecken lässt. Die Blätter und Triebe der Pflanzen finden an den Seitenzweigen sicheren Halt. Dabei ist jedoch gutes Timing alles. Im Idealfall sind die Stützen schon zu Frühlingsanfang bis -ende im Boden, bevor sich die Blätter zeigen. Auf diese Weise wachsen die jungen Triebe zwischen die Seitenzweige und verdecken sie im Laufe der Zeit. Das gute Timing gilt aber auch für das Reisig. Die Zweige, die zwischen Spätwinter und Vorfrühling geschnitten werden, müssen an einem schattigen Platz gelagert und möglichst binnen eines Monats verwendet werden. Bleiben sie länger liegen, werden die Zweige spröde und lassen sich nicht mehr elastisch miteinander verflechten. Wenn Sie nicht genug eigenes Schnittholz haben, fragen Sie bei Forstbehörden oder privaten Waldbesitzern nach Zweigen, suchen Sie im Internet oder erkundigen Sie sich in öffentlichen Gärten nach den Quellen.

Stützen für verschiedene Pflanzen

Für Stauden und einige Einjährige unter 70 cm Höhe eignet sich am besten Strauchreisig, der in Abständen von 30 cm um die Pflanzen in den Boden gesteckt wird. Damit knicken sie später in der Saison nicht unter ihrem Eigengewicht um, sind vor Windbruch geschützt und werden daran gehindert, ihre Nachbarn zu überwuchern.

BEISPIELE

- ***Knautia macedonica***
- ***Gaillardia* spp.**
- ***Anthemis* spp.**
- ***Anchusa azurea***
- ***Artemisia ludoviciana***
- ***Aster × frikartii* 'Mönch'**
- ***Centaurea montana***
- ***Rudbeckia fulgida* var. *sullivantii* 'Goldsturm' (als Schutz der Nachbarpflanzen)**
- ***Salvia verticillata* 'Purple Rain'**
- ***Scabiosa* 'Butterfly Blue'**
- ***Tricyrtis formosana***

Stauden über 1,2 m Höhe werden leicht kopflastig oder fallen zur Blütezeit auseinander. Sie brauchen einen stabilen „Kasten" als Stütze. Stecken Sie ein Rechteck aus vier stabilen Bambusstäben um die Pflanze in den Boden und flechten Sie Strauchreisig in die Zwischenräume. Binden Sie zum Abschluss eine Schnur um den „Kasten", um der Stütze mehr Halt zu geben. Sehr lange Reiser werden umgebogen und mit ihren Gegenübern verflochten – herauswachsende Stängel bleiben getrennt und neigen sich nicht zusammen.

BEISPIELE

- ***Helianthus* 'Lemon Queen'**
- ***Rudbeckia laciniata* 'Herbstsonne'**
- ***Artemisia vulgaris***
- ***Cephalaria gigantea***

Stauden mit hohen Blütenständen werden besser mit einzelnen Bambusstäben gestützt. Stecken Sie die Stäbe hinter die wachsenden Blütenstängel, sodass sie später nicht zu sehen sind. Binden Sie die Pflanze mit einer dehnbaren Schnur fest, damit die wachsenden Stängel nicht eingeschnürt werden.

BEISPIELE

- *Delphinium* spp.
- Dahlien (eine Stütze am Haupttrieb ist nötig)
- *Helianthus annuus*
- *Alcea rosea* (manchmal)
- *Verbascum* spp. (vor allem hohe Formen)

Systemstützen aus verbundenen Elementen sind ein guter Ersatz für Reisig und eignen sich für Stauden bis zu 1 m Höhe. Sie sind meist mit grünem Plastik ummantelt, was ihre Lebensdauer verlängert und sie unsichtbarer macht. Wenn die Stauden zu wachsen beginnen, werden die Stützen in organischen Formen in den Boden gesteckt.

BEISPIELE

- Päonien
- Niedrige Rittersporne
- *Campanula lactiflora*
- *Phlox* spp.

Junge Gehölze, die höher als 1 m sind, brauchen in den ersten Jahren zum Schutz vor Wind eine stabile Stütze, da die gut entwickelte, belaubte Krone wie ein Segel wirkt. Wenn der Wind das Gehölz hin und her bewegt, leiden Wurzeln und Stamm und es wächst nicht optimal an. Schlagen Sie auf der Windseite einen Holzpfahl bis zu einem Drittel der Stammhöhe in den Boden ein. Befestigen Sie den Stamm mit einem Kokosstrick oder einem Baumband am Pfahl (für Kletterpflanzen siehe „Schattige Mauern“, S. 188).

BEISPIELE

- Hochstämme – getopft, wurzelnackt oder mit Ballen
- Sträucher & Bäume
- Hecken sowie vorgezogene Heckenpflanzen

DÜNGEN

Pflanzen, die in einen frisch mit organischem Material angereicherten Boden gepflanzt wurden, brauchen weniger Dünger als eine seit Langem etablierte Rabatte. Auch Kübelpflanzen, die in einer handelsüblichen Blumenerde wachsen, müssen nicht sofort gedüngt werden. Der Nährstoffgehalt ihres Substrats reicht zumeist für etwa sechs Wochen. In einem Garten ist, je nach Bepflanzung, das ganze Jahr über Düngesaison, wobei die Hauptsaison eindeutig in den Frühling fällt. Die Frühjahrsdüngung unterstützt die Pflanzen genau dann, wenn sie Wasser und Nährstoffe für ihre ersten neuen Triebe und Blätter brauchen. Ohne nachhaltige Düngung geht es nicht, da Gärtner den natürlichen Nährstoffkreislauf unterbrechen: sie entfernen Blätter und Pflanzen aus dem Beet – eine wichtige Nährstoffquelle in der Natur.

Die Tabelle rechts zeigt den Düngerbedarf einiger Pflanzengruppen; Mulch als Alternative wird auf S. 70 behandelt. Man kann den Düngerbedarf der Pflanzen vollständig aus organischen Quellen decken, was ich persönlich bevorzuge.

PFLANZE	JAHRESZEIT	DÜNGUNG	ALTERNATIVEN
etablierte Gehölze, Bambus und Koniferen	Frühjahr	organischer Volldünger und Mulch	Knochenmehl (langsamwirkend)
Rosen	Frühjahr	Rindermist, Knochen- und Blutmehl	Kompost, Kakaoschalendünger
Rosen (und andere Starkzehrer wie Dahlien, *Canna*)	den ganzen Sommer	Kali-betonter Flüssigdünger	Kali-betonter Algendünger
Stauden	Spätfrühling	organischer Volldünger und Mulch	Blut- und Knochenmehl (gut für die Blüte)
Stauden	Frühsommer	Kali-betonter Algendünger	Kakaoschalendünger
Zwiebelblumen	vor der Blüte (jederzeit, abhängig von der Blühperiode)	flüssiger Algendünger	Kali-betonter Tomatendünger (nur für getopfte Pflanzen)
Zwiebelblumen	nach der Blüte (für sechs Wochen)	flüssiger Algendünger	Kali-betonter Tomatendünger
Einjährige	Sommer – bis zur Blüte und während der Blütezeit	Kali-betonter Flüssigdünger, Kompost	flüssiger Algendünger
Kübelpflanzen	Frühling bis Frühherbst	flüssiger Algendünger	Flüssigdünger mit Spurenelementen

GIESSEN

Jeder weiß natürlich, dass neue Pflanzen gegossen werden müssen, aber es lohnt sich, überlegt zu gießen, damit die Pflanzen einen optimalen Start haben.

✻ Legen Sie um jede Pflanze einen Minikrater an, damit das Wasser nicht seitlich abfließt, sondern zu den Wurzeln sickert.

✻ Größere Gehölze profitieren von einem perforierten Schlauch im Pflanzloch. Das oben eingegossene Wasser fließt direkt bis in den Wurzelbereich der Gehölze.

✻ Gießen Sie morgens oder abends, sodass weder Wasser verdunstet noch die Blätter verbrennen.

✻ Gießen Sie auf keinen Fall häufig mit kleinen Mengen, sonst bilden die Pflanzen vor allem oberflächennahe Wurzeln, die sehr leicht austrocknen. Gießen Sie selten, aber länger und reichlich.

✻ Gießen Sie, wenn möglich, mit Regenwasser. Es ist weicher als Leitungswasser – gut für die Pflanzen. Falls in Trockenperioden kein Regenwasser zur Verfügung steht, lassen Sie Leitungswasser 24 Stunden lang stehen, bevor Sie es verwenden.

✻ Wählen Sie standortgerechte Pflanzen; sie kommen nach der Eingewöhnungsphase besser mit den Bedingungen zurecht.

✻ Ein Bewässerungssystem mit Tropfschläuchen, die unter dem Mulch verlegt werden, spart Arbeit und nutzt das Wasser effizienter. Eine Zeitschaltuhr an der Wasserversorgung erledigt das Gießen vollautomatisch. Klammern Sie die Schläuche fest, damit sie nicht von Tieren ausgegraben werden.

MULCH

Mulchen bietet viele Vorteile. Eine dicke Schicht aus organischem Mulch versorgt den Boden mit Nährstoffen, hält die Bodenfeuchtigkeit zurück, unterdrückt Unkräuter, reichert den Boden mit nützlichen Organismen an und lockt Würmer an, die den Mulch bis zu den Wurzeln in den Boden ziehen – und Mulch sieht gut aus.

Gut verrotteter Stallmist

Der meist grobe und klumpige Mist direkt vom Bauern lässt sich nur in einer dicken Schicht verteilen. Er ist gut für Rosen und Gehölze, während Stauden besser mit gemahlenem oder zerkrümeltem Mist gedient ist, den man fertig abgepackt im Fachhandel kaufen kann. Stallmist ist reich an Nitrat und Phosphat, enthält aber wenig Kalium – er ist ideal für den Aufbau von Wurzeln und Trieben im Frühling und muss jährlich erneuert werden.

Kompost

Kompost im Garten zu verwenden versteht sich von selber, aber nicht alle, die kommunale Grünabfälle kompostieren, gehen dabei gewissenhaft vor. Achten Sie daher darauf, dass Kompost, den Sie zukaufen, im Heißrotteverfahren hergestellt wurde.

Stroh

Einer meiner Lehrer schwärmte für Stroh, weil es billig und leicht zu verteilen sei. Dennoch nutze ich es nur unter großen Bäumen und Sträuchern, die in abgeschlossenen Bereichen wachsen. Dort kann der Wind das trockene Stroh nicht verteilen, bevor es feucht wird und verklumpt. Stroh enthält kaum Nährstoffe.

Rindenmulch und Holzhäcksel

Rindenmulch gibt den Beeten ein dunkles Finish und kann jahrelang liegen bleiben. Andererseits scharren Vögel mit Begeisterung darin, um nach leckeren Insekten zu suchen und zu feine Körnungen werden vom Wind verweht. Auch ist das die teurere Variante. Holzhäcksel ist häufig billiger, wirkt aber nach einiger Zeit vertrocknet und rau. Beide Formen geben nur wenige Nährstoffe an den Boden ab. Lassen Sie frischen Holzhäcksel mindestens ein Jahr reifen, denn frisch entzieht dieser dem Boden Nitrate.

Kies

Feiner oder grober Kies ist zwar ein effektiver Mulch, gehört aber eigentlich in Stein- oder Trockengärten. An anderen Standorten wird er in den Boden getreten und macht das Einpflanzen schwierig. Außerdem enthält Kies keine Nährstoffe und wirkt zwischen üppig grünen Pflanzen fehl am Platz.

Folien

Ich habe im Laufe der Jahre mit vielen Gartenfolien experimentiert, die aus optischen Gründen mit Rindenmulch abgedeckt werden. Nach meiner Erfahrung sind sie langfristig nur bei einstämmigen Sträuchern und Bäumen sinnvoll. Horstig wachsende Stauden und mehrstämmige Sträucher heben die Folie an, was sehr unschön aussieht. Ideal sind Geotextilien. Die anfänglich weiße Folie nimmt rasch die Farbe des Bodens an und ist dann kaum noch zu sehen.

»Auch Kies kann als Mulch dienen und ist ideal für Stein- und Kiesgärten.«

SCHÄDLINGE *und* KRANKHEITEN

Den Kampf gegen Schädlinge und Krankheiten muss jeder Gärtner ausfechten. Nicht nur wir freuen uns über lange Blühperioden, perfekte Blüten und 365 Tage Farbe im Jahr, sondern auch die Insekten und Pilze. Manche können wir ignorieren, andere richten größere Schäden an. Hier folgen die wohl häufigsten Schädlinge und Krankheiten, die jungen und ausgewachsenen Pflanzen zu schaffen machen, jeweils mit Lösungsvorschlägen.

Krankheiten und Schädlinge schwächen die Pflanzen und machen sie noch anfälliger. Wachstum und Blütenbildung bleiben hinter dem gesunder Pflanzen zurück.

Echter Mehltau

DAS PROBLEM

Echter Mehltau dürfte der unschönste Schaden sein. Blattoberseiten und Stängel sind mit einem hellen, grauweißen, abwischbaren Belag (dem Pilz) bedeckt. Die Pflanze verliert die Blätter, wird schwacher und anfällig gegen andere Krankheiten.

DIE LÖSUNG

Echter Mehltau setzt sich vor allem auf Pflanzen unter Wasserstress fest. Wenn Sie regelmäßig gießen (siehe S. 69) und mulchen, mindern Sie die Chancen für den Pilz. Sollte das Problem dennoch auftreten, werden alle befallenen Blätter entfernt. Es gibt allerdings auch Spritzmittel.

Schildläuse

DAS PROBLEM

Die hinterlistigen Winzlinge sehen zunächst so aus wie kleine braune Buckel auf Stängeln und Blattunterseiten. Im Schutz seines Schildes („Buckel") saugt das Insekt Pflanzensäfte und schwächt die Pflanze. Ein erster Hinweis ist der schwarze Pilzbelag auf den Ausscheidungen der Läuse, dem Honigtau.

DIE LÖSUNG

Häufig sitzen diese Saftsauger nur auf einer einzigen Pflanze oder einem Pflanzenteil. Am besten werden sie mechanisch mit den Fingern, einer Zahnbürste oder einem kräftigen Strahl aus dem Gartenschlauch entfernt. Auch Spritzungen mit Ölpräparaten helfen.

Rostpilze

DAS PROBLEM
In diese Gruppe fallen unterschiedliche Pilzarten, die auf Pflanzenoberflächen wachsen. Gelbe oder braune Flecken oder auch Mulden auf der Blattoberfläche sind ein Zeichen für orangefarbenen oder schwarzen Rost auf der Blattunterseite.

DIE LÖSUNG
Rostpilze lieben hohe Luftfeuchtigkeit und werden in Wasserspritzern von Pflanze zu Pflanze übertragen. Das Entfernen befallener Blätter und besserer Luftaustausch (bei dichter Bepflanzung) sind hilfreich. Je nach Pflanzenart stehen teils Fungizide zur Verfügung.

Schnecken

DAS PROBLEM
Schnecken sind die wahrscheinlich größte Bedrohung für Jungpflanzen. Sie nagen ihre Lieblingspflanzen über Nacht bis zum Boden ab. Typische Hinweise sind Schleimspuren und ungleichmäßige Fraßspuren; darin unterscheidet sich Schneckenfraß von anderen Blattfressern wie Raupen und Tauben.

DIE LÖSUNG
Schnecken wird man nur mit mehrgleisigen Maßnahmen los: Bringen Sie eine Lösung mit Fadenwürmern (Nematoden) aus und legen Sie Kupferstreifen und unbehandelte Schafwolle als physikalische Barrieren aus. Eingegrabene Plastikbecher mit Bier locken Schnecken ins nasse Grab, auch Einsammeln und Zerquetschen abends, morgens oder nach einem Regenschauer sind wirksam. Da Schneckenkorn auch anderen Tieren schaden könnte, lasse ich die Finger davon.

Blattläuse

DAS PROBLEM
Diese Saftsauger – grüne, braune, rote oder gelbliche – stellen sich ab dem Spätwinter zahlreich und mit Appetit auf frische Triebe ein. Ein Experte hat mir erzählt, dass ein einziges Weibchen und seine Nachkommen pro Saison 1 t Blattläuse hervorbringen können!

DIE LÖSUNG
Blattläuse fallen an den Triebspitzen sofort auf, egal ob es sich um Rosen oder zierliche Stauden handelt. Mit den Fingern zerquetschen und ein kräftiger Wasserstrahl aus dem Gartenschlauch oder einer Gartenspritze sind wirkungsvoll, aber auch Spritzungen mit Ölpräparaten können sehr hilfreich sein.

TRICKS *und* KNIFFE *für* MEHR FARBE

Früher, später und länger

Mit ein paar gärtnerischen Tricks lässt sich die Farbausbeute im Garten ganzjährig steigern und intensivieren. Dabei meine ich keine arbeitsintensiven Maßnahmen, sondern nur einen Zupfer oder Schnitt hier und da. Viele Pflanzen lassen sich erstaunlich bereitwillig zu einer längeren Blütezeit anregen – zusätzliche Farbe vor und nach der Hauptblüte, manche blühen sogar ein zweites Mal. Die Aussteller auf der RHS Chelsea Flower Show tun alles, damit ihre Pflanzen auf den Punkt perfekt blühen. Dazu gehören mit Natriumdampflampen künstlich erzeugte Kurztage mitten in der Nacht sowie Kälte, um den Blühbeginn zu verzögern. Die Profis bewirken wahre Wunder, im Hausgarten reichen aber weniger dramatische Maßnahmen aus. Ich habe durch Zufall, Versuch und Irrtum einiges herausgefunden, um mehr Farbe aus den Stauden herauszukitzeln. Hier einige meiner bewährten Techniken.

Blühperiode verlängern oder Nachblüte anregen

Eine der einfachsten Methoden für eine längere Blühdauer ist das konsequente Entfernen welker Blüten – je nach Freizeit, Lust oder Last. Wenn die Samen nicht für die Vögel oder als Schmuck ausreifen sollen, sollten Sie die Blüten regelmäßig abschneiden: So verschwendet die Pflanze keine Energie für die Samenproduktion, sondern bildet bis zu einem Monat länger neue Blüten oder später im Jahr einen zweiten Blütenflor. Dieser Trick klappt gut bei Lupinen und Rittersporn (rechts die großartige Sorte 'Spindrift').

Im nebenstehenden Kasten finden Sie einige Arten, die länger blühen, wenn die welken Blüten abgeschnitten werden. Das gilt aber nicht grundsätzlich. Beliebte Stauden wie *Geranium* 'Rozanne', *Geum* 'Totally Tangerine' und *Erysimum* 'Bowles's Mauve' sind steril. Da sie keine Samen bilden, wäre die Arbeit sinnlos. Sie blühen auch ohne Zuwendung weiter.

PFLANZEN, DIE NACH EINEM RÜCKSCHNITT ERNEUT BLÜHEN

- *Achillea* spp.
- *Alcea*
- *Anthemis tinctoria* 'E. C. Buxton' & spp.
- *Aquilegia* spp.
- *Astrantia major*
- *Centranthus ruber*
- *Centaurea montana*
- *Coreopsis* (großblütige Formen)
- *Dianthus* spp.
- *Dicentra formosa*
- *Delphinium* spp.
- *Geranium psilostemon* (komplett zurückschneiden)
- *Knautia macedonica* und *Cephalaria* spp.
- *Kniphofia*
- *Lavandula*
- *Leucanthemum*
- *Lupinus* (komplett zurückschneiden für eine 2. Blüte)
- *Rosa*, einige Sorten
- *Salvia nemorosa* (komplett zurückschneiden)
- *Scabiosa* spp.
- *Verbascum* spp.
- *Viola odorata*

So blühen Zweijährige doppelt

Zweijährige Pflanzen bilden im ersten Jahr nur eine Blattrosette, blühen im zweiten Jahr und sterben danach ab. Dabei wäre dieser endgültige Tod, nachdem Sie die Pflanze zwei Jahre lang gepflegt haben, nicht notwendig. Wenn Sie die Blütenstängel von *Digitalis, Dianthus barbatus, Hesperis* und *Alcea* nach dem Verblühen abschneiden, stehen die Chancen auf eine Nachblüte recht gut. Da sie so keine Samen bilden konnten, blühen sie im selben oder im dritten Jahr noch einmal. Ein großartiger Erfolg bei minimalem Aufwand.

Riesengroße Blüten

Diese Technik klappt nur bei bestimmten Pflanzen, dort aber mit spektakulärem Ergebnis. Chrysanthemen oder Dahlien bilden größere, dramatischere Blüten, wenn ihre gesamte Energie in die Blüte an der Sprossspitze fließt. Knipsen Sie dazu alle Seitenknospen ab. Der Nachteil sind große, schwere Blüten, die zusätzlich gestützt werden müssen. Aber was tut man nicht alles für dramatische Farbe?

Überzeugen Sie Pflanzen, einen Monat länger zu blühen

Zahlreiche Stauden blühen zwischen Spätfrühling und Frühsommer. Jedoch können Sie den Blühbeginn mit einem kräftigen Rückschnitt verzögern. Werden zahlreiche Korbblütler, Phlox und Ehrenpreis im Spätfrühling auf die Hälfte zurückgeschnitten, wachsen sie kompakter und blühen einen Monat später. In England wird dieser Trick Chelsea-Chop (Chelsea-Schnitt) genannt, da er zur Zeit der RHS Chelsea Flower Show im Spätfrühling durchgeführt wird. Nach dem Schnitt treiben deutlich mehr, wenn auch kleinere Blüten aus. Astern stellen die berühmte Ausnahme dar – sie werden im Hochsommer beschnitten –, aber bei den Beispielen im nebenstehenden Kasten funktioniert der Schnitt im Frühling absolut sicher. Zum Ausprobieren eignet sich Sonnenbraut *(Helenium)* besonders gut – ihre Blüte setzt bei kompakteren Pflanzen garantiert später ein.

CHELSEA-CHOP-PFLANZEN

- ***Phlox paniculata***
- ***Monarda* spp.**
- ***Aster* spp.**
- ***Echinacea purpurea***
- ***Eupatorium* spp.**
- ***Gaura* spp.**
- ***Helenium* spp.**
- ***Sedum* spp.**
- ***Heliopsis* spp.**
- ***Lobelia cardinalis***
- ***Rudbeckia* spp. (nur mehrjährige)**
- ***Teucrium chamaedrys***
- ***Tradescantia* × *andersoniana***
- ***Veronica spicata***

Etliche Stauden bleiben kompakter, standfester und blühen üppiger, wenn man sie im Frühling vor der Blüte einkürzt bzw. zurückschneidet.

Winterschutz für eine frühere Blüte

Wenn exotische Arten mit spektakulären Farben wie *Echium pininana*, *Solanum crispum* oder Salbeisträucher vor der Winterkälte geschützt werden, setzt die Blüte früher ein. Ziehen Sie sie an einem warmen Standort mit Kälteschutz – einfache Bambusrahmen, verbunden mit Schnur oder Kabelbindern und abgedeckt mit Vlies, reichen aus. Pflanzen wie *Echium*, die keine Winternässe vertragen, werden zusätzlich mit einer Haube oder Plastikdach geschützt.

Warmer Boden für frühere Blüte

Nicht nur schlaue Gemüsegärtner sorgen vor dem Auspflanzen für einen warmen Boden. Decken Sie das Beet für die Zierstauden oder Aussaaten ein paar Wochen vor der Bodenbearbeitung mit einem Vlies ab. Die Samen keimen schneller, die Wurzeln wachsen besser an und die Pflanzen bilden früher Blüten.

Frühe Blüte nach früher Aussaat

Die frühe Aussaat in einem frostfreien Gewächshaus oder Frühbeet hat viele Vorteile. Viele ausgesäte Stauden, die zwei Jahre bis zur Blüte brauchen, z. B. *Gaura*, *Gaillardia*, *Pennisetum* und *Berlandiera*, blühen nach einer Aussaat im zeitigen Frühjahr schon im ersten Jahr, wenn auch recht moderat. *Cleome*, *Laurentia* und andere Einjährige aus heißen Regionen müssen früh gesät werden, damit sie im Sommer üppig blühen. Auch früh blühende Arten wie Wicken profitieren von der sehr frühen Aussaat unter Glas; *Lathyrus* kann dort schon ab Winteranfang bis -mitte gesät werden, verlangt allerdings viel Aufmerksamkeit und mäßiges Gießen. Ab Frühlingsmitte kommen sie ins Freiland (Spitzen abknipsen, damit sie sich stärker verzweigen und mehr Blüten bilden) und blühen zwei bis drei Wochen vor den im Frühling gesäten Exemplaren.

Längere Blühperiode durch Folgesaaten

Viele einjährige Pflanzen sind durch ihre natürlichen Standortbedingungen gezwungen, schnell zu blühen und Samen zu bilden. Das garantiert zwar ihr Überleben, aber als Gärtner verlange ich mehr von ihnen. Bei manchen Arten lässt sich die Blühperiode verlängern, wenn welke Blüten konsequent abgeschnitten werden, bei anderen sind Folgesaaten erfolgreicher. *Papaver somniferum* zeigt seine prachtvollen, durchscheinenden Blüten nur magere zwei Wochen – mit Nachsaaten sind es sechs Wochen oder mehr. Das gilt nach meiner Erfahrung auch für die nostalgische *Calendula officinalis*. Säen Sie in der Frühlingsmitte an einem sonnigen Standort in flache Rillen in gut vorbereiteten Boden. Wenn Sie drei Wochen später erneut säen, sind die ersten Keimlinge schon aufgelaufen; wiederum nach drei Wochen folgt die dritte Saat. Bei sehr gutem Wetter überschneiden sich die drei Blütezeiten, aber in jedem Fall dauert die Blüte länger an als mit nur einer Aussaat.

Frühere Farben aus dem Gewächshaus

Im Frühling ist der Platz im Gewächshaus kostbar. Versuchen Sie dennoch, ein Plätzchen für einige 10-l-Töpfe mit Dahlien und Blumenrohr *(Canna)* freizumachen. Wenn diese empfindlichen, exotischen Pflanzen im zeitigen Frühjahr im Gewächshaus eingetopft und im Frühsommer in den Garten umgepflanzt werden, blühen sie einen Monat früher. Da es schwierig ist, sie zwischen die Stauden ins Beet zu pflanzen, grabe ich an den geplanten Stellen im Frühling leere 10-l-Töpfe ein. Im Sommer tausche ich die leeren Töpfe dann gegen Dahlien und Blumenrohr aus. Farbe mit Sofortwirkung!

Farbe von der Stange

Zu bestimmten Zeiten des Jahres kann man vorbehandelte Pflanzen kaufen. Im Herbst bieten Gartencenter Chrysanthemen in perfekten Polstern mit Blüten an, die dicht an dicht stehen. Sie verdanken ihre Wuchsform nicht etwa der Kunst der Gärtner, sondern einem chemischen Wuchshemmer, der das Wachstum der Stängel zwischen den Blattknoten reduziert – manipulierte Pflanzen mit üppiger Blüte. Machen Sie das Beste daraus, denn wenn der Hemmstoff verbraucht ist, wachsen sie wieder ganz normal und sind oft nur noch als Kompost zu gebrauchen.

„Im Herbst ist das Angebot an üppig blühenden Chrysanthemen in den Gartencentern riesig.“

Schneiden oder nicht schneiden?

Es gibt viele gute Gründe, Pflanzen zu schneiden, aber manchmal macht es einfach Spaß, für tolle Farben alle Regeln zu vergessen. *Clematis* 'Perle d'Azur' sollte man eigentlich im Spätwinter kräftig zurückschneiden, damit sie im Frühling zahlreiche neue Triebe bildet. Wenn man sie jedoch in Ruhe lässt, wird sie größer, blüht früher und bildet mehr Blüten, in anderen Worten mehr Farbe. Ich würde sie nicht ein weiteres Jahr unbeschnitten lassen, sonst wächst sie zu wild und locker, aber für ein Jahr klappt diese Methode bestens – übrigens auch bei anderen Pflanzen.

Wenn *Cornus* und *Salix* im Frühling kräftig zurückgeschnitten werden, bilden sie zahlreiche, farbige Jungtriebe, die im Winter für Farbe sorgen. Sorten wie *Cornus* 'Midwinter Fire' sind jedoch nicht so wüchsig wie andere und legen pro Jahr etwa nur 40 cm zu. Ohne Schnitt sind ihre Triebe im zweiten Jahr etwa 1 m hoch und liefern unter dem Strich mehr, wenn auch weniger intensive Farbe.

Nach gängiger Meinung müssen Salbeisträucher im Frühling kräftig zurückgeschnitten werden. Wenn die Sträucher verwildert und alt aussehen, ist das in der Tat nötig, aber ein unbeschnittener Salbeistrauch blüht ein bis drei Monate früher. Natürlich lässt sich dieser Trick nicht auf alle Pflanzen anwenden, aber es lohnt sich, mit seinen Gartenpflanzen für mehr Farbe zu experimentieren.

Treiberei für Farbe außerhalb der Saison

Pflanzen durch Treiberei aus der Winterruhe zu holen, wird schon seit Jahrhunderten praktiziert. Schon lange, bevor es gelang, Ananasfrüchte im trüben Europa zu ernten, konnten Gärtner mithilfe von Wärme und Licht das Verhalten von Pflanzen manipulieren. So brachte man schon sehr früh Rhabarber dazu, im Dunkeln vorzutreiben. Angeblich wurde der Trick im Chelsea Physic Garden in London entdeckt. Die Treiberei im eigenen Gewächshaus oder auf der Fensterbank macht nicht nur großen Spaß, sondern liefert auch zusätzliche Farbe. Der Handel bietet vorbehandelte Hyazinthen- und Narzissenzwiebeln für die Treiberei an, denen im Kühlhaus der Winter vorgetäuscht wurde. In der Regel sind sie ab dem Frühherbst erhältlich. Je nach Art sind andere Techniken erforderlich, die aber auf den Packungen angegeben sind.

Bei Hyazinthen geht man so vor:

1. Feuchten Sie das Substrat an (Blumenerde mit Sand) an und füllen Sie damit einen flachen Topf (etwa 15–20 cm tief).

2. Pflanzen Sie die Zwiebeln ein, sodass sie mit der Spitze aus dem Substrat herausschauen.

3. Stellen Sie den Topf an einen kühlen, dunklen Platz und halten Sie das Substrat feucht.

4. Stellen Sie den Topf nach zwei Monaten hell auf (nicht in die pralle Sonne).

5. Nach wenigen Tagen werden die Blätter grün und die Blüten erscheinen.

Die Triebe des Hartriegels sind besonders intensiv gefärbt, wenn man sie im Frühjahr stark zurückschneidet.

Vorgetriebene Zwiebelblumen bringen Farbe und Duft in Wintergarten und Wohnung.

BLATT-FARBEN

Farbige BLÄTTER *das* GANZE JAHR *hindurch*

Oben Das satte Grün der Eiben lässt andere Pflanzen hervortreten. *Ganz oben* *Thuja occidentalis* 'Rheingold' zeigt das ganze Jahr Farbe.

Es sind treue, robuste Pflanzen, die bei jedem Wetter rund ums Jahr entscheidend dazu beitragen, dass der Garten farbig aussieht; Pflanzen, die trotz Winterwolken und harschen Frösten ihre lebhaften Farben zeigen; Pflanzen, die dem Garten Struktur und Leben geben, wenn die Einjährigen und Stauden vergehen; Pflanzen mit immergrünem Laub, die zu bestimmten Zeiten auch mit anderen Farben überzeugen. Bei diesen besonderen Pflanzen unserer gärtnerischen Palette handelt es sich um die unerschütterlichen, ganzjährig sichtbaren Arten. Während einige es sogar schaffen, zwölf Monate lang zu blühen (siehe S. 115 – Dauerblüher"), tragen die meisten übrigen mit Blatt- und Stängelfarben zum ganzjährigen Farbenspiel bei.

Farbige Blätter

Obwohl die Farben ausdauernder Pflanzen kaum mit den sommerlichen Blütenfarben mithalten können, sind sie dennoch eindrucksvoll. Vom Smaragdgrün mancher immergrüner Sträucher, die oft den Garten dominieren, reicht die Palette über das lebendige Spektrum gelber und orangefarbener Töne bis zu Hellblau, Grau, Purpur und Rot. In der richtigen Kombination am rechten Platz bringen ausdauernde Pflanzen ganzjährig Farbe, Formen und Textur in den Garten. Sie bilden den Hintergrund für andere, die neben ihnen wachsen, blühen und wieder vergehen. Auf die bunte Gruppe aus Farnen, Palmen, Sträuchern, Gräsern und Koniferen ist in allen Jahreszeiten Verlass – ob Regen, Hagel, Schnee oder Dürre, sie versprühen Farbe.

Farbige Koniferen

Koniferen fehlt vielleicht der Glamour einer schlanken Staude mit schönen Blüten, aber ihre wetterfesten Nadeln bleiben garantiert farbig – es sind ideale 365-Tage-Pflanzen. Mehrere Exemplare in derselben Farbe und Form sorgen für Rhythmik, einzelne setzen Akzente oder werden zu Hecken oder Formen geschnitten. Die Farbpalette der Nadelbäume enthält praktisch alle Grün- und endlose Blautöne, Gelb, schmutziges Rot und Grau. Da sie ganzjährig dichte, massive Farbflächen bilden, sollte man ihre Wirkung im Gesamtbild berücksichtigen. Eiben *(Taxus baccata)* und andere Arten mit dunklen, bedrückenden Farben absorbieren das Licht, wirken düster und fügen sich in die Landschaft ein, während zu viel Hellblau, etwa von Wacholder, kalt und distanziert wirkt. Helles Gelb (als Marketingstrategie auch Gold genannt) springt den Betrachter zwischen dunklen Tönen fast zu aggressiv an.

Überlegen Sie sorgfältig, wohin Sie eine bestimmte Konifere pflanzen. Welche begleitenden Farbtöne balancieren den Standort aus, hellen ihn auf oder dunkeln ihn ab? Manche Koniferen sorgen mit mehrfarbiger Benadelung selber für eine Balance – sie stechen weder ins Auge, noch verschmelzen sie mit der Umgebung. Ein gutes Beispiel ist *Thuja occidentalis* 'Rheingold', eine der wenigen gelben Koniferen, die im Winter nicht zu hell wirken. Während die unteren Nadeln mittelgelb sind, ist der Neuaustrieb orange und rosa überlaufen (auch in der Kälte). Das 1,5 m hohe Bäumchen mit seiner kompakten, konischen Form ist ideal für eine Rabatte. Blaue Nadelbäume fallen weniger auf als gelbe, wirken aber meines Erachtens in der richtigen Umgebung genauso frisch. Die gut proportionierte, blaugrau changierende *Chamaecyparis pisifera* 'Boulevard' (8 × 4 m) sieht im Licht jeder Jahreszeit gut aus, sei es golden oder grau. Bei meinem ersten Gartenjob als Teenager in den 1980er-Jahren war sie die Pflanze der Wahl, die immer zusammen mit den inzwischen unmodern gewordenen Heiden gepflanzt wurde.
Mit ihrer lockeren Wuchsform und den

streichelweichen Nadeln ist sie so hübsch wie eh und je. *Juniperus squamata* 'Blue Star' (0,5 × 1 m) mit einem ähnlichen Blauton ist eine gänzlich andere Pflanze – ein kompakter Bodendecker mit harten, spitzen Nadeln, die sicher nicht zum Streicheln einladen. Wie diese beiden sorgt auch die riesige *Cedrus atlantica* 'Glauca' ganzjährig zuverlässig für Farbe. Ihr Farbton passt perfekt zu roten Blüten, Blättern oder Beeren.

Bei Koniferenhecken entscheide ich mich meist für *Thuja plicata*. Dieser nicht besonders attraktive Baum sieht als Hecke hübsch aus, vor allem wenn das Winterlicht die glänzenden Nadeln zur Geltung bringt. Ihr Grün mit gelben Anteilen muntert mehr auf als das dunkle Eibengrün – eine großartige Hecke, die sich viel leichter handhaben lässt als × *Cuprocyparis leylandii*. *Thuja* kann wie die Eibe in Form geschnitten werden.

Unter den mehrfarbigen Nadelbäumen lohnt *Cryptomeria japonica* 'Vilmoriniana' (1 × 1 m) einen Versuch. Die Nadeln dieser Japanischen Zwergzeder sind im Winter häufig schmutzig purpurn bis rot überhaucht – ein wundervoller Kontrast zu beigefarbenen Gräsern. Ihr Vetter, die wolkige, unregelmäßig geformte *Cryptomeria japonica* 'Elegans Compacta' (3 × 1,5 m) mit zartem, bronzerotem Hauch im Winter, erinnert an einen weichen Schwamm.

Links Das zarte Blaugrau von *Chamaecyparis pisifera* 'Boulevard' passt gut zu leuchtenden Stauden.

Unten *Thuja plicata* bildet dichte Hecken und wuchert nicht wie × *Cupressocyparis leylandii*.

Oben Die stahlblaue *Cedrus atlantica* 'Glauca' entwickelt sich mit der Zeit zu einem großen Baum, kann aber auch als Hecke gezogen werden.

Rechts *Cryptomeria japonica* 'Vilmoriniana' zeigt ihre herbstliche Tönung sehr lange durchs Jahr.

Topiary und Formschnittgehölze sorgen das ganze Jahr für Farbe und Struktur im Garten.

Farbige Formschnittgehölze

Zu geometrischen Formen geschnittene Pflanzen vermitteln hervorragend zwischen Pflanzen und gebauten Strukturen, tragen aber auch zum ganzjährigen Farbenspiel des Gartens bei. Leider ist die Winterfarbe der traditionellen Formschnittgehölze Eibe und Buchsbaum nicht besonders inspirierend. Andere Immergrüne mit lebhafteren Farben erfüllen diese Aufgabe besser. Die dicht verzweigte *Lonicera nitida* 'Baggesen's Gold' mit immergrünen, hellgelben Blättern eignet sich gut für kleinere Formen. Der Strauch kann stark zurückgeschnitten und zehn Jahre oder länger in jede denkbare Form gebracht werden. Auch viele hellblättrige *Pittosporum* vertragen den Schnitt recht gut und sind dicht genug für 2 m oder höhere Formen. Der kleinere *Pittosporum tenuifolium* 'Tom Thumb' sieht hübsch als Würfel oder Kugel aus. Mit seinen glänzenden, dunkelpurpurnen Blättern braucht er einen Standort in voller Sonne, um nicht im Hintergrund zu verschwinden.

Die meisten immergrünen *Euonymus*-Arten können zwar prinzipiell in Form geschnitten werden, allerdings lassen Wuchsform und die großen Blätter keine perfekten Figuren zu – Säulen, Kugeln und Würfel sind dagegen möglich. Golden oder weiß panaschierte Sorten wirken dabei besonders markant. Eine Reihe von Koniferen, auch *Thuja* und *Taxus* (insbesondere die goldene Form), reagiert über längere Zeit gut auf den Formschnitt, doch wer etwas wirklich Einzigartiges sucht, sollte *Cedrus atlantica* 'Glauca' ausprobieren. Wenn sie von Anfang an stark geschnitten wird, wächst sie zu einer dichten Säule, einem Würfel oder einer Hhecke heran – ein Triumph des Formschnitts

Das elegante Laub und die schlanken Triebe von Nandina domestica *flattern im leisesten Windhauch.*

Immergrüne Sträucher

Sträucher mit immergrünen Blättern stellen den Großteil der winterlichen Farbe, aber ich vermeide blockartiges, dunkles Grün wie bei *Euonymus fortunei* oder *Sarcococca*. Es verschmilzt mit den Schatten, ohne dem Garten zu helfen. Dagegen sind Sträucher wie *Acca sellowiana* und *Nandina domestica* nahezu perfekte 365-Tage-Pflanzen. Die viel zu selten gepflanzte *A. sellowiana* sieht ganzjährig großartig aus, insbesondere weil sie bei regelmäßigem Schnitt ihre kompakte Form behält. Die graue, filzige Unterseite der Blätter wird sichtbar, wenn sie sich im Wind bewegen. In den auffälligen, exotischen Blüten, die im Sommer erscheinen, ragt eine Explosion roter Staubblätter aus einem Kranz kräftiger Kronblätter hervor, die oben rosa, unten weiß gefärbt sind – ein Star für das ganze Jahr.

Viele nützliche immergrüne Sträucher wirken etwas steif und reagieren kaum auf den Wind – anders *Nandina domestica*: ihr aufrechter, säulenartiger Wuchs erinnert an Bambus und die schlanken, eleganten Blätter flattern schon bei der leichtesten Brise. Sie sorgen in der Nebensaison für die ersehnte Aufmerksamkeit im Garten. Dazu kommen im Winter rot überlaufende Blätter, weiße Blütenrispen im Sommer und rote Beeren im Herbst – eine der besten 365-Tage-Pflanzen. Ein Konkurrent um Aufmerksamkeit ist der immergrüne *Arbutus unedo* 'Compacta'. Der gedrungene Erdbeerbaum hat unwiderstehliche zimtfarbene Zweige, im Herbst weiße, glockenförmige Blüten und orangerote, murmelgroße Früchte, die sich zwischen Spätsommer und Frühherbst zeigen. Sie sind sogar essbar; in Portugal wird daraus ein süffiger Obstschnaps gebrannt.

Zwölf Monate lang interessante Blickpunkte zu bieten, ist nicht verkehrt, aber diese Vorzüge bietet der Erdbeerbaum nicht als einziger Immergrüner. Die südamerikanische *Ageratina ligustrina*, früher als strauchförmiger Wasserdost (*Eupatorium*) bestimmt, ist ein echtes Must-have. Im Herbst ist der Strauch mit Tausenden von Blüten in lockeren Dolden übersät, doch den eigentlichen Reiz machen die Blätter aus. Sie sind zwar ganz normal dunkelgrün gefärbt, aber zierlich und locker angeordnet, sodass der durchscheinende Strauch leicht und luftig wirkt – eine Seltenheit unter Immergrünen.

In größeren Gärten machen auch groß blättrige Immergrüne Sinn. Japanische Arten stehen ganz oben auf der Liste. Die exotisch wirkenden, bis zu 30 cm langen Blätter von *Fatsia japonica* und *Eriobotrya japonica* überstehen bei mir selbst das Winterwetter. *Fatsia* hat glänzende, palmenartige, mittelgrüne Blätter und schmückt sich im Winter mit weißen efeuartigen Blüten. Ich plane den Standort dieser Hingucker sorgfältig; in Kombination mit anderen Immergrünen wirken sie in der Winterlandschaft weniger fremdartig. Der Standort ist wichtig, denn auf nährstoffarmen Böden oder bei starken Winden werden die Blätter unschön chlorotisch gelb mit verbranntem Rand.

Ab und zu tauchen in Gärtnereien panaschierte *Fatsia*-Sorten auf, die empfindlicher sind als die Art. *Eriobotrya japonica*, ein völlig anderer Strauch mit unbestreitbaren Qualitäten, gehört in die unglückliche Kategorie immergrün und dunkel. Allerdings sehen seine krausen, tintengrünen Blätter neben helleren, kleinen Blättern von Bambus und ähnlichen Pflanzen einfach großartig aus.

Wenn es um das ganzjährig perfekte Aussehen geht, ist *Luma apiculata* kaum zu schlagen. Dieses chilenische Gehölz wächst zu einem kleinen, mehrstämmigen Bäumchen mit unwiderstehlicher, rostig orangefarbener Rinde heran. Mit Blüten im Frühling und Sommer sowie Beeren im Herbst dürfte die Chilenische Myrte die ultimative 365-Tage-Pflanze sein.

Buntlaubige Immergrüne wie *Hebe* 'Silver Dollar' und *Lophomyrtus (unten)* sorgen, genau wie *Miscanthus* und *Verbena bonariensis*, für interessante Aspekte bei jeder Witterung.

Dauerhaft bunte Sträucher

Australasien verdanken wir mehrere Sträucher, deren Blätter das ganze Jahr über fröhlich leuchten. Heben und andere „Ganzjährige" stammen aus Neuseeland. Dank ihrer besonders weichen, angenehmen Anmutung der Blätter und Blüten pflanze ich diese robusten Sträucher gerne in gemischte Pflanzungen und sogar in Staudenrabatten. *Hebe* 'Silver Dollar' ist ein gutes Beispiel: die dicken, rundlichen Blätter mit breitem, cremeweißem Rand sitzen in ausgesprochen symmetrischen Reihen an den Trieben. Zum ganzjährig guten Aussehen trägt auch die lange Blühperiode der hellvioletten Blüten bei – zwischen Frühling und Herbst. Sie brauchen einen geschützten Platz, sehen aber auch im Kübel nahe am Haus gut aus. Den Hunger nach Farbe bedient auch *H.* 'Heartbreaker'. Sie wirkt in ihrer Vielfarbigkeit – leuchtend rosa Blattspitzen und extreme Panaschierungen – zwar ein wenig bombastisch, aber wenn alles andere versagt, spring sie mit ihrem Farbfeuerwerk ein.

Mit subtilerer Farbgebung punkten die wunderschönen Blätter der häufig übersehenen *Lophomyrtus* × *ralphii* 'Magic Dragon'. Diesen kompakten Strauch zieren kleine, gerillte, tropfenförmige Blätter an drahtigen Trieben. Ihre Farben, die von Burgunderrot mit cremeweißen Rändern bis Grün und sogar Rosa variieren, verschmelzen zu einem vielschichtigen Farbenspiel. Er kann als Hecke, im Kübel oder mitten in eine Rabatte gepflanzt werden, wo seine Farben nacheinander viele Nachbarn zur Geltung bringen können.

Australien ist die Heimat weiterer buntlaubiger Immergrüner – vor allem Eukalyptus ist vielfältig nutzbar. In Australien werden die Bäume „Witwenmacher" genannt, da oft große Äste ohne ersichtlichen Grund abbrechen. Eukalyptus wird weltweit als Holz- und Öllieferant, aber eben auch als Zierpflanze geschätzt. Der ganzjährig blaugrau beblätterte *Eucalyptus gunnii* ist eine klassische Gartenpflanze, die ich aber nie riesig werden lasse. Wie der verwandte *E. dealbata* wirkt der ausgewachsene Baum in einer vorwiegend grünen Landschaft fehl am Platz. Da ich ihn jedoch alle ein bis zwei Jahre auf Strauchgröße von maximal 3 m zurückschneide, behält er seine ausgeprägt jugendlichen, stängelumfassenden Blätter. Die beblätterten Stängel sehen großartig in Gestecken aus. Ich pflanze diese Arten daher auch im Schnittblumengarten, wo ihre Jungtriebe für endlose Blumensträuße geschnitten werden.

Ganz oben **Heuchera 'Peach Flambe'** leuchtet auch bei trübem Wetter.

Oben ***Epimedium* × *rubrum*** zeigt das ganze Jahr ihr farbiges Laub.

Gegenüber, im Uhrzeigersinn ***Bergenia purpurascens*** hat im Winter besonders rötliche Blätter. ***Cynara scolymus*** behält in milden Wintern ihr Laub. ***Rumex sanguineus* var. *sanguineus*** versamt sich leicht von alleine unter Bäumen und Sträuchern. ***Arum italicum* 'Pictum'** sorgt im Vorfrühling für frisches Grün im Garten.

> *Pflanzen mit festem Laub und steifen Trieben halten der Witterung besser Stand und sorgen auch im Winter für Farbe im Garten.*

Dauerhaft bunte Stauden

Manche immergrüne Stauden tragen im Winter nichts zum Garten bei. Nachdem sie im Sommer enthusiastisch gewachsen sind, erinnern sie nun an begossene Pudel – feucht und zusammengesackt. Genau das geschieht mit *Pulmonaria*- und *Kniphofia*-Arten, während Pflanzen mit steiferen Blättern oder kräftigen Stängeln mehr vertragen und ihr gutes Aussehen und die Farben behalten. Bergenien sind robust; sie sprühen auch im kältesten Winter vor Leben und Kraft und sehen im Gegenlicht großartig aus. *Bergenia purpurascens* hat schmalere Blätter als andere Arten der Gattung, aber diese sind mit ihren reichen Purpur-, Orange- und Rottönen echte Hingucker. Die bescheideneren kompakten Purpurglöckchen sorgen auch im Herbst und Winter für ein Feuerwerk an Farben – dank der amerikanischen Züchter. Natürlich gibt es auch hier begossene Pudel, aber meine Lieblingssorte *Heuchera* 'Peach Flambé' behält ihre lebhafte Wuchsform und Farbe, wenn auch nicht so intensiv wie im Sommer. Purpurglöckchen in großen Gruppen oder über den Rand von bauchigen Kübeln kriechend, sehen besonders spektakulär aus. Leider sind ihre Wurzeln die Lieblingsspeise einiger Rüsselkäferlarven – sie sollten mit Nematoden bekämpft werden. Purpurglöckchen brauchen volle Sonne bis Halbschatten und sind gute Partner von *Epimedium* × *rubrum*. Diese intensiv gefärbte japanische Pflanze hält trotz ihrer papierdünnen Belaubung den Winter über durch und präsentiert die glänzenden, rötlichen Blätter bis in den Frühling hinein. Sie passt gut unter einen immergrünen Strauch wie die Mahonie.

Riesige silbrige Blätter, die fast das ganze Jahr hindurch intakt bleiben, sind das Merkmal der großartigen Artischocke *(Cynara scolymus)*. Statt dieses mächtige Gemüse in den Küchengarten zu verbannen, nutze ich es als Blattschmuckstaude. Im Chelsea Physic Garden wachsen sie im Staudenbeet als winterlicher Hintergrund für Beetpflanzen und das jährlich wechselnde Arrangement aus Tulpen, Einjährigen und Stauden. Wenn sie nicht alle paar Jahre geteilt werden, werden sie monströs.

Ich möchte zwei weitere Stauden erwähnen, die jedoch mit Vorsicht zu genießen sind. Beide säen sich selbst aus und geraten ohne entsprechende Maßnahmen außer Kontrolle. *Arum italicum* 'Pictum' und *Rumex sanguineus* var. *sanguineus* sind im Herbst, Winter und Frühling beblättert. *A. italicum* zieht im Sommer ein; dann sind nur die grünen Beeren an kurzen Stängeln zu sehen. Im Winter färben sich die Beeren leuchtend orange und die grünweiß panaschierten Blätter beginnen zu sprießen. Entfernen Sie die Beeren, bevor sie abfallen und die Vögel sie überall hin verbreiten. *R. sanguineus* var. *sanguineus* sät sich nur in unmittelbarer Nachbarschaft aus und stellt kein echtes Problem dar. In der Tat kann die Ausbreitung im trockenen Schatten, wo kaum etwas anderes gedeiht, sogar von Vorteil sein. Im Winter liegen die mittelgrünen, zugespitzten Blätter mit ihren auffällig purpurroten Adern als hübsche Rosette dem Boden auf.

Leuchtende Blattschwerter

Immergrüne Gräser und Bambus sind ein wesentliches Element des 365-Tage-Gartens, denn sie sorgen bei geringem Arbeitsaufwand ganzjährig für Farben und Formen. Farbe und Form der steifen Blätter von *Yucca, Phormium* oder *Cordyline* halten zwar dem Regen und Wind stand, leiden aber bei Temperaturen unter –5 °C. Wenn der Wetterbericht kältere Winter ankündigt, helfe ich ihnen mit einem Vlies, allerdings nicht den ganzen Winter hindurch, da sie keine Feuchtigkeit vertragen und das Vlies die Farben verdeckt.

Mit den richtigen Nachbarn wird die knallige *Yucca* 'Colour Guard' zum reinen Vergnügen. Die Büschel der spitzen Blätter mit breitem, gelbem Mittelstrich sind an jedem Tag des Jahres ein Hingucker. Kühlere Immergrüne als Nachbarn wie gelbgrüne *Pittosporum* oder silberne *Brachyglottis* balancieren das spektakuläre Statement aus.

Auch *Phormium* ist ein Blickfang. Aus dieser neuseeländischen Pflanze gingen trotz ihres relativ kleinen Genpools rote, rosa, orangefarbene, purpurne und grüne Sorten hervor. *P. cookianum* 'Tricolor' bildet einen Horst aus stets frisch aussehenden Blättern mit roten, grünen und cremeweißen Streifen. *P.* 'Evening Glow' wächst aufrechter und hat mittelrosa, wassermelonenfarbige Blätter, die hellbraun abgesetzt sind – eine Farbkombination für Mutige. *P.* 'Yellow Wave' ist die wahrscheinlich leuchtendste Variante: kräftig gelbe Blätter, teilweise mit einem grünen Streifen. Dank lockerer Wuchsform und Bewegung im Wind ist sie trotz ihrer beinahe überwältigenden Färbung kein schriller, gelber Fleck in der Landschaft.

Mit ihren symmetrischen Silhouetten geben Keulenlilien *(Cordyline)* hübsche Blickpunkte und attraktive Kübelpflanzen ab. Die geradlinige *Cordyline australis* mit mittelgrünen Blättern und der Anmutung einer Palme bleibt im Winter aufrecht und frisch. Sorten mit purpur- bzw. burgunderroten Blättern vermeide ich, da ihre Farben gedämpft und wenig lebendig wirken. *C.* 'Cherry Sensation' (unten) ist dagegen eine spektakuläre Züchtung mit rosaroten Blättern, deren Farbe das ganze Jahr über intensiv wirkt. Wie andere exotisch gefärbte Keulenliliensorten leidet sie unter Frösten und braucht einen geschützten Standort nahe am Haus.

Obwohl sich die Blätter dieser Neuseeländer auch im Wind wiegen, rascheln nur Bambus und Gräser sanft und beruhigend. Die rostroten, orangefarbenen und braunen

Blätter des Neuseeland-Wind-Grases *(Anemanthele lessoniana)* behalten im Herbst und Winter ihre wilde Form und rauschen sanft im Wind. Das Gras bildet einen perfekten Hintergrund für späte Chrysanthemen und behält seine Herbstfarben bis zum Frühling. Gelegentlich sät es sich selbst aus, was aber eher ein Vorteil ist, denn neue Horste sprießen oft an überraschend günstigen Stellen.

Seggen *(Carex)* sind kleinere 365-Tage-Gräser, doch die Wahl der besten Art ist eine Herausforderung. Sorten wie 'Evergold' wirken das ganze Jahr hindurch deprimierend gleichförmig – man könnte auch Plastikgräser pflanzen. *C. flagellifera* mit ausgewaschenen, braungrauen Blättern saugt hingegen das Leben schneller aus einem Beet als ein nackter Fleck Erde. Für mehr Leben und Spannung sorgt *C. testacea* mit mittelbraunen, orange überlaufenen Blättern. *C.* 'Frosted Curls' ist zart cremeweiß panaschiert.

Von allen einkeimblättrigen Pflanzen mit schwertförmigen Blättern sind die Bambusarten zweifellos die größten und spektakulärsten. Natürlich gibt es die ganz normalen dunkelgrünen Immergrünen, aber andere bringen mit ihren Blättern, selten auch Stängeln, Farbe in den Garten. Der Zwergbambus *Fargesia murielae* 'Bimbo' wird nur 1 m hoch und breit. Er ist ein guter Bodendecker mit zierlichen Blättern, die ganzjährig grün bleiben. Ein echtes Drama führt *Phyllostachys aureosulcata* f. *aureocaulis* auf: den bis 6 m hohen Bambus hindert nur eine stabile Wurzelbarriere daran, die Welt zu erobern! Seine dicken Stängel leuchten ganzjährig in orangegelben Tönen und mit etwas Glück zeigen sich unten auf den Stängeln künstlich aussehende grüne Längsstreifen. Niedrige Formen wie der nur 40–80 cm hohe, cremeweiß und grün panaschierte *Pleioblastus variegatus* wachsen dagegen horstig.

Links ***Yucca*** **'Colour Guard' zeigt das ganze Jahr über zuverlässig Farbe.**

Unten ***Phormium*** **'Evening Glow'. Andere Kultivare varrieren von Purpur über Rosa und Cremefarben bis Rot und fast Schwarz.**

Oben ***Phormium cookianum*** **'Tricolor' ist recht zuverlässig und nicht so steif wie die Kultivare von *P. tenax*.**

Rechts **Rhizombildende Bambusse wie *Phyllostachys aureosulcata* f. *aureocaulis* sind ideal für größere Gärten.**

Immergrüne Farne wie *Polystichum setiferum (Divisilobum-Gruppe)* und *Asplenium scolopendrium* sorgen ganzjährig für Farbe im Schattengarten.

365-Tage-Farne und -Palmen

Lange bevor die Evolution die ersten Bambusarten hervorbrachte, beherrschten schon die grünen Farne die Erde – seit rund 400 Millionen Jahren. Ich pflanze vorwiegend den immergrünen Schildfarn *Polystichum setiferum* (Divisilobum-Gruppe). Er ist anspruchslos, zart gefärbt und zieht sich im Winter nur selten zurück – er hält bei jedem Licht und jeder Temperatur durch. Seine mittelgrünen Wedel wirken dank feiner Haare und den orangebraunen Stängeln heller. Er wächst im Halb- bis Schatten auf den meisten Böden.

Asplenium scolopendrium sieht völlig anders aus. Er hat ledrige, ungeteilte, glänzende Blätter, die in ganzjährig mittelgrünen Horsten wachsen. Der Farn profitiert von einem Rückschnitt im Frühling, da die neuen Wedel dann ungehindert von den alten auswachsen können. Als europäische Art kommt er auf vielen Standorten und Böden gut zurecht. Auch *Polypodium vulgare* ist ein ganzjährig interessanter Farn. Er wächst in gedrungenen Horsten aus hellgrünen, leiterartigen Wedeln und verträgt trockenen Schatten.

Während die meisten 365-Tage-Farne gute Bodendecker abgeben, bevorzuge ich Palmen, wenn ich einen Struktur- und Farbakzent setzen möchte. Einige Palmen wie die überaus robuste *Trachycarpus fortunei* gehören in die Dunkel-und-immergrün-Schublade, doch andere wie *Chamaerops humilis* var. *cerifera* (rechts) muntern regelrecht auf. Diese Zwergpalme ist zwar nicht so robust wie *T. fortunei*, aber sie reckt ihre hellen, blaugrauen Blätter ganzjährig gen Himmel – etwas schlaffer im Winter. Sie gehört in einen Kübel, der im Sommer im Garten, im Winter näher am bzw. im wärmeren Haus stehen sollte.

TOP 40 PLANZEN

1. ***Rosa × odorata* 'Bengal Crimson'**
2. ***Nandina domestica***
3. ***Trachelospermum jasminoides***
4. ***Phormium cookianum* 'Tricolor'**
5. ***Hebe* 'Heartbreaker'**
6. ***Epimedium × rubrum***
7. ***Heuchera* 'Peach Flambé'**
8. ***Acca sellowiana***
9. ***Bergenia purpurascens***
10. ***Arbutus unedo* 'Compacta'**
11. ***Lophomyrtus × ralphii* 'Magic Dragon'**
12. ***Luma apiculata***
13. ***Sedum telephium***
14. ***Buxus sempervirens* 'Aureovariegata'**
15. ***Anemanthele lessoniana***
16. ***Yucca***
17. ***Polystichum setiferum* (Divisilobum-Gruppe)**
18. ***Cryptomeria japonica* 'Vilmoriniana'**
19. ***Chamaerops humilis* var. *cerifera***
20. ***Arum italicum***
21. ***Rhus typhina***
22. ***Ageratina ligustrina***
23. ***Hebe* 'Silver Dollar'**
24. ***Eucalyptus gunnii***
25. ***Cynara scolymus***
26. ***Rumex sanguineus* var. *sanguineus***
27. ***Choisya ternata* 'Sundance'**
28. ***Phormium tenax***
29. ***Rubus cockburnianus***
30. ***Mahonia eurybracteata* subsp. *ganpinensis* 'Soft Caress'**
31. ***Betula ermanii***
32. ***Acer davidii***
33. ***Persicaria affinis***
34. ***Pittosporum tobira***
35. ***Hebe ochracea* 'James Stirling'**
36. ***Hedera colchica* 'Sulphur Heart'**
37. ***Hedera helix* 'Little Diamond'**
38. ***Juniperus* spp.**
39. ***Pyracantha* spp.**
40. ***Lonicera nitida* 'Baggesen's Gold'**

SOMMER-PFLANZEN

FRÜHSOMMER

Meconopsis cambrica 'Frances Perry'

Scheinmohn gilt als anspruchsvoll, das gilt aber nicht für diese Sorte. Sie lässt sich leicht kultivieren und blüht länger als andere *Meconopsis* und Mohn-Verwandte. In frischem Boden und im lichten Schatten blüht sie ohne Unterbrechung vom Frühsommer bis zum Herbst, außer in sehr trockenen Jahren. Scheinmohn sät sich selbst aus und etabliert sich an geeigneten Standorten. Ohne Fremdbestäuber in der Nähe behält er seine reine orangerote Farbe. Verteilen Sie einige Exemplare im lichten Schatten und lassen Sie der Natur ihren Lauf.

H/B: 50 × 40 cm
Farbwirkung: Blüten: Frühling, Sommer, Herbst; Blätter: Frühling bis Herbst
Gut in Kombination mit: hellem Gelbgrün, Blau, Violett, Hellgelb
Partner: *Euphorbia amygdaloides* var. *robbiae*
Nachfolger: *Strobilanthes atropurpurea* (kann gleichzeitig blühen)

Verbascum phoeniceum 'Violetta'

Diese zierliche Königskerze wurde vor einigen Jahren als natürliche Sorte entdeckt. Sie scheint stabil zu sein und sät sich erbrein aus. Vielleicht machen Sie durch Kreuzung mit anderen Königskerzen den großen Wurf und züchten eine faszinierende neue Hybride. Mit 70 cm bleibt sie kleiner als andere Königskerzen, welkt aber leicht, falls ihre dunkle Blattrosette von anderen Pflanzen überwachsen wird. Die dunkelvioletten Blüten erscheinen besonders üppig in voller Sonne auf durchlässigem Boden. Die dunkle Tönung der Blüten kommt im Kiesgarten oder vor helleren Rabattenstauden bestens zur Geltung.

H/B: 70 × 40 cm
Farbwirkung: Blüten: Sommer; Blätter: Frühling bis Herbst
Gut in Kombination mit: Gelbgrün, Silber, Rosa, Orange, Purpurrosa
Partner: *Dahlia* 'Peach Brandy'
Nachfolger: *Verbena bonariensis*

Potentilla × *hopwoodiana*

Dieses hübsche Fingerkraut für den Beetvordergrund mit kletternden Stängeln und hingetupften Blüten hat sich etwas von einer Wildblume bewahrt. Sie blüht von Frühsommer bis Herbstmitte mit reizvollen Blüten: die Kronblätter sind außen hellrosarot, innen zartrosa getönt; in der Mitte sitzt ein rotes Auge. Die Staude bevorzugt Sonne und durchlässigen Boden. Manchmal lässt die Blühfreudigkeit im Sommer nach, doch da sie nach einem Rückschnitt oft nicht mehr blüht, lässt man sie am besten in Ruhe. Sie bereichert den Beetvordergrund, sieht aber auch auf erhöhten Kiesgärten oder Böschungen gut aus, wo man die Blüten aus der Nähe betrachten kann.

H/B: 20 × 100 cm
Farbwirkung: Blüten: Sommer; Blätter: Frühling bis Herbst
Gut in Kombination mit: Gelbgrün, Silber, Rosa, Orange, Purpurrosa
Partner: *Artemisia ludoviciana* 'Valerie Finnis'
Nachfolger: *Eucomis bicolor*

Linaria purpurea 'Peachy'

Dieser Lein hat sich in den zwei Jahren, seit ich ihn kenne, als sehr nützlich erwiesen. Er blüht üppig und wie die Wildart den ganzen Sommer über. Die Blüten stehen in Trauben auf graugrünen Stängeln mit weidenartigen Blättern; die Einzelblüten sehen aus wie Löwenmäulchen mit engen Lippen. Auch die Farbe ist etwas Besonderes: das Hellgelb der Blüten verschmilzt mit rosaroten Tupfern zu einem Pfirsichton. Lein muss im ersten Jahr regelmäßig gegossen werden, danach kommt er in voller Sonne auf durchlässigem Boden allein zurecht. Die elegant aufragenden Stauden wiegen sich im Wind und sehen großartig zwischen Arten mit größeren Blättern aus.

H/B: 100 × 40 cm
Farbwirkung: Blüten: Frühling bis Sommer; Blätter: Frühling bis Herbst
Gut in Kombination mit: Hellgelb, Rosa, Violett, Purpurrosa
Partner: *Knautia macedonica*
Nachfolger: *Gladiolus murielae*

Cirsium rivulare 'Atropurpureum'

Die dunkelpurpurroten Blütenköpfchen ziehen Bienen magisch an. Die bis 1 m hohen Blütenstängel ragen aus einem rundlichen Blattpolster hervor. Werden die Stängel nach der ersten Blüte im Frühsommer abgeschnitten, folgt eine Nachblüte. Die offene, durchscheinende Wuchsform macht *Cirsium* zur ersten Wahl für die Beetmitte. Braucht durchlässigen, frischen Boden in voller Sonne. Solange sie etwa alle vier Jahre geteilt wird, bleibt sie wüchsig. *C. tuberosum* wächst ähnlich, bildet jedoch weniger sowie rosaviolette Blütenköpfchen.

H/B: 150 × 80 cm
Farbwirkung: Blüten: Sommer bis Frühherbst; Blätter: Frühling bis Herbst
Gut in Kombination mit: Hellblau, Hellrosa, Violett, Orange
Partner: *Linaria purpurea*
Nachfolger: *Aster × frikartii* 'Mönch'

Penstemon 'Garnet'

Mit *Penstemon* kann man kaum etwas falsch machen. Zwar kommen gelegentlich auch schwache Sorten in den Handel, aber Bartfäden sind ein Muss für eine verlässliche, lange Blütezeit. *P.* 'Garnet' ist eine gedrungene Staude mit schmalen Blättern, die mit gelegentlichen Aussetzern einen Sommer lang sehr dunkel rosarot blüht. Die höhere und schlankere *P.* 'Alice Hindley' blüht hellblauviolett und *P.* 'Hidcote Pink' überreich in mittlerem Rosarot. Alle lohnen den Versuch und lassen sich über Stecklinge leicht vermehren. Die Blätter werden erst ab Frühlingsmitte zurückgeschnitten; sie schützen Wurzeln und den unteren Stängel vor Kälte. Bartfäden wachsen in voller Sonne auf den meisten Böden.

H/B: 70 × 50 cm
Farbwirkung: Blüten: Sommer bis Frühherbst; Blätter: ganzjährig
Gut in Kombination mit: Hellblau, Hellrosa, Violett, Orange
Partner: *Gaura lindheimeri* 'Siskiyou Pink'
Nachfolger: *Aster* × *frikartii* 'Mönch'

Argyranthemum frutescens subsp. *canariae*

Diese klassische Margerite, auf die viele Sorten zurückgehen, stammt von den weitgehend frostfreien Kanarischen Inseln. Sie blüht ab dem Frühsommer bis zum Spätherbst, im kühlen Gewächshaus sogar noch länger. Die weißen Blütenköpfchen sind nichts Besonderes, werden aber durch gefiederte, graugrüne Blätter aufgewertet. Schneiden Sie die Staude im Frühling kräftig auf etwa die Hälfte zurück, damit sie ein kompaktes Blattpolster und dicht stehende Blüten bildet. Sie gehört als Blickpunkt in einen großen Terrakottatopf oder im Plastiktopf ins Beet; sie braucht volle Sonne und durchlässigen Boden.

H/B: 100 × 100 cm
Farbwirkung: Blüten: Sommer bis Frühherbst; Blätter: ganzjährig (Winterschutz)
Gut in Kombination mit: Hellgelb, Orange, Blau, Rosa, Purpur
Partner: *Agapanthus*-Arten
Nachfolger: *Chrysanthemum*-Arten als Ersatz (vor den ersten Frösten austauschen)

Clematis 'Perle d'Azur'

Diese großartige Waldrebe verdient mit einer Blühperiode von Hochsommer bis Herbst (mit einigen Wochen Pause im Spätsommer) einen Stammplatz im Garten. Die unwiderstehlich hell blauvioletten Blüten mit kalkweißem Zentrum passen zu jeder denkbaren anderen Farbe. Schneiden Sie im Spätwinter alle Triebe bis auf 30 cm zurück (Schnittgruppe 3). In der Sonne (Wurzeln im Schatten oder zumindest kühl durch Mulchen) wächst sie 3 m und höher.

H/B: 3 × 3 m
Farbwirkung: Blüten: Sommer bis Frühherbst; Blätter: Frühling bis Frühherbst
Gut in Kombination mit: Rosa, Violett, Hellgelb, Hellgrün, dunklem Purpurrot
Partner: *Rosa* 'Tess of the d'Urbervilles'
Nachfolger: *Clematis tangutica*

Rosa 'Graham Thomas'

Diese lange blühende Rose ist eine sichere Bank. Sie wächst buschig, duftet angenehm und verdankt ihr nostalgisches Aussehen den meisterhaften Züchtern bei David Austin Roses. Die Blüten öffnen sich in kräftigem Gelb, das zu einem eleganten, helleren Ton ausbleicht. Da sie sich sehr schnell wächst, muss sie tief eingepflanzt und gut gestützt werden, sonst bewegt der Wind den großen Strauch und die Wurzeln leiden, bevor sie sicheren Halt gefunden haben. Schneiden Sie alle Triebe im Spätwinter um ein Drittel zurück. Auch die wertvolle Bodendeckerrose 'The Fairy' blüht sehr lange. Sie hat zierliche Blätter und elegante rosa, knopfgroße Blüten.

H/B: 130 × 130 cm
Farbwirkung: Blüten: Frühsommer bis Herbst; Blätter: Frühling bis Herbst
Gut in Kombination mit: Violett, Orangebraun, Gelbgrün, Graublau, Blau
Partner: *Anchusa* 'Loddon Royalist' und/oder *Achillea* 'Terracotta'
Nachfolger: *Galanthus*-Arten

Salvia nemorosa 'Ostfriesland'

Es gibt nur wenige Pflanzen, die es mit der Form und Blühdauer dieses wertvollen Salbeis aufnehmen können. Während blaue Blüten oft zu einem amorphen Farbfleck verschmelzen, setzt sich das Blau hier deutlich gegen rosa Hochblätter ab. Häufig wird empfohlen, den Salbei nach der ersten Blüte zurückzuschneiden, aber ich überlasse ihn sich selbst. Er wächst auf den meisten durchlässigen Böden und blüht in voller Sonne prächtig. Am besten wird er in weiten Schwüngen in die Rabatte gepflanzt, um beständig für Farbe zu sorgen.

H/B: 45 × 40 cm
Farbwirkung: Blüten: Frühsommer bis Herbst; Blätter: Frühling bis Herbst
Gut in Kombination mit: Violett, Purpur, Hellgelb, Hellorange, Rosa
Partner: *Anthemis tinctoria* 'E.C. Buxton'
Nachfolger: *Colchicum autumnale*

10 WEITERE PFLANZEN

1. ***Lavandula stoechas***
2. ***Erigeron annuus***
3. ***Galega officinalis***
4. ***Osteospermum jucundum***
5. ***Lespedeza thunbergii***
6. ***Centaurea montana***
7. ***Convolvulus cneorum***
8. ***Anthemis tinctoria* 'E.C. Buxton'**
9. ***Cistus × pulverulentus* 'Sunset'**
10. ***Lysimachia ephemerum***

HOCHSOMMER

Cosmos atrosanguineus

Die empfindliche mexikanische Staude mit dem Aroma dunkler Schokolade glitzert in der Mittagssonne und verschmilzt in der Dämmerung mit dem Hintergrund. Im Laufe der Jahre habe ich viele Formen dieser Pflanze gesehen: einige waren hoch aufgeschossen und kippten leicht, andere präsentierten ihre Blüten auf einem kuppelartigen Polster. Die Sorte 'Chocamocha' ist eine gute Wahl, aber die Art ist genauso gut, solange Sie ein aufrechtes, blütenreiches Exemplar finden. Vermehren Sie gute Exemplare im Spätsommer über Stecklinge (hell und frostfrei überwintern). Zwischen 40–50 cm hohen Stauden oder Reisig als Stütze blüht sie ähnlich wie Dahlien vom Hochsommer bis zu den ersten Frösten.

H/B: 60 × 40 cm
Farbwirkung: Blüten: Sommer bis Herbst; Blätter: Sommer bis Herbst
Gut in Kombination mit: Violett, Purpur, Rot, Rosa, Purpurrosa
Partner: *Potentilla atrosanguinea* oder *Sedum* 'Matrona'
Nachfolger: *Erysimum cheiri* 'Vulcan' (verdeckt die Staude in Herbst und Winter)

Phygelius aequalis 'New Sensation'

Die Kapfuchsie mit den wunderschönen Röhrenblüten ist nur eine von Tausenden einzigartigen Arten aus der Kapprovinz in Südafrika. Da sie an der Basis verholzt, wird sie auf der Nordhalbkugel den Halbsträuchern zugerechnet. Die halbimmergrüne Staude wird wie der Bartfaden nicht im Herbst, sondern erst im Frühling zurückgeschnitten. Die Blüten sind sensationell mit Purpurrosa überlaufen. Sie erscheinen ab dem Hochsommer bis zum Frost. Kapfuchsien brauchen durchlässigen, frischen Boden in voller Sonne.

H/B: 60 × 40 cm
Farbwirkung: Blüten: Sommer bis Herbst; Blätter: ganzjährig
Gut in Kombination mit: Gelbgrün, dunklem Rosaviolett, Violett
Partner: *Geranium pratense* 'Plenum Violaceum'
Nachfolger: *Callicarpa bodinieri* var. *giraldii* 'Profusion'

Diascia personata

Dieser Sonnenliebhaber, bei mir irgendwo zwischen hart und nicht winterhart, blüht fünf Monate oder länger. Nehmen Sie zur Sicherheit im Sommer Stecklinge ab. Auf durchlässigem Boden in voller Sonne und gutem Luftaustausch sollte *Diascia* aber einige Minusgrade überstehen. Die fröhlich rosarot gefärbten Blütentrauben stehen in mehreren Ebenen übereinander. *Diascia* ist eine gute Beetpflanze, kippt aber gelegentlich in benachbarte Stauden – kein großes Problem, da gekreuzte Stängel unerwartet zu interessanten Farbkombinationen führen. Mit Reisigstützen im Frühjahr bleibt die Pflanze aufrecht.

H/B: 100 × 50 cm
Farbwirkung: Blüten: Sommer bis Herbst; Blätter: Frühling bis Herbst
Gut in Kombination mit: Violett, Purpur, Blau, Gelbgrün
Partner: *Campanula lactiflora*
Nachfolger: *Miscanthus sinensis* var. *purpurascens*

Knautia macedonica

Für eine unverfälschte Wildblume verhält sich die Knautie ziemlich ordentlich. Die purpurroten Blütenköpfchen auf schlanken Stängeln über den Blättern erscheinen in langer Folge von Frühsommer bis Herbstmitte. Damit zieht sie fast mit ihrer lange blühenden Cousine *Scabiosa caucasica* 'Clive Greaves' gleich, muss aber nicht gestützt werden. Nur in einem verregneten Sommer braucht sie einige Reiser zur Unterstützung der Stängel. Die Staude benötigt volle Sonne und durchlässigen, frischen Boden. Vorbeugend gegen Echten Mehltau helfen Mulch und regelmäßiges Gießen; regelmäßiges Entfernen der welken Blüten verlängert die Blühperiode.

H/B: 80 × 80 cm
Farbwirkung: Blüten: Sommer bis Herbst; Blätter: Frühling bis Herbst
Gut in Kombination mit: Hellblau, Hellviolett, Hellrosa, Graublau, Blau
Partner: *Stipa tenuissima*
Nachfolger: *Stipa tenuissima*

Phlox drummondii 'Moody Blues'

Der einjährige Phlox sollte besser 'Moody Violets' heißen, denn das Blau seiner Blüten ist rot überlaufen. Da die Blüten jeder Pflanze etwas anders gefärbt sind, keimt aus einer Samentüte eine köstliche Mischung unterschiedlicher Farbtöne. Säen Sie den Phlox massenhaft aus, um diesen Effekt zu erzielen. Die enttäuschend kümmerlichen Jungpflänzchen werden rasch fülliger und blühen unermüdlich von Frühsommer bis zu den Frösten. Phlox sieht im Vordergrund einer Rabatte ebenso gut aus wie am Rand von Kübeln und passt zu allen anderen Farben. Er braucht volle Sonne und durchlässigen, frischen Boden.

H/B: 25 × 30 cm
Farbwirkung: Blüten: Sommer bis Herbst; Blätter: Spätfrühling bis Herbst
Gut in Kombination mit: Dunkelrosa, Grün, Hellgelb, Purpur, Violett
Partner: *Argyranthemum* 'Bonmadmerlo' (Madeira™ Crested Merlot)
Nachfolger: *Erysimum cheiri* (orange)

Cleome hassleriana 'Violet Queen'

Aus den eleganten, mandelförmigen Kronblättern dieser unwiderstehlich exotischen, dunkelrosavioletten Blüten ragen riesige Staubblätter hervor. Fünf oder mehr der robusten südamerikanischen Pflanze wirken in der Rabatte als eigenständige Gruppe, sehen aber auch zwischen markanten Blättern von Exoten gut aus. Die Blütenstängel wachsen von Hochsommer bis Spätherbst und bilden dabei kontinuierlich neue Blüten. Die hungrige Art braucht mit Kompost oder Stallmist angereicherte Böden in voller Sonne. Gießen Sie regelmäßig, um gegen Echten Mehltau vorzubeugen und stützen Sie kopflastige Exemplare im Hochsommer.

H/B: 120 × 40 cm
Farbwirkung: Blüten: Sommer bis Herbst; Blätter: Frühling bis Herbst
Gut in Kombination mit: Rot, Hellgelb, Hellblau, Gelbgrün, Weiß
Partner: *Nicotiana langsdorffii*
Nachfolger: *Helianthus* 'Lemon Queen'

Nicotiana 'Lime Green'

Es gibt nur sehr wenige Zierpflanzen mit grünen Blüten – umso mehr sollten wir sie schätzen. Die kräftig grünen, aber gefälligen Blüten des Ziertabaks 'Lime Green' lassen die meisten anderen Farben lebendiger wirken. Da Ziertabak sehr schnell keimt und wächst, muss er erst in der Frühlingsmitte gesät werden. Er wird auf der Fensterbank oder unter Glas kultiviert und nach den letzten Spätfrösten ins Beet gepflanzt. *Nicotiana* braucht volle Sonne und regelmäßig Dünger, dann blüht er ununterbrochen bis in den Frühherbst. Kombinieren Sie ihn mit lebhaft gefärbten Einjährigen im Beet oder nutzen Sie ihn als „Mädchen für alles" zum Füllen von Lücken.

H/B: 40 × 40 cm
Farbwirkung: Blüten: Sommer bis Herbst; Blätter: Spätfrühling bis Herbst
Gut in Kombination mit: Rot, Gelb, Rosa, Orange, Purpur, Blau, Violett, Weiß
Partner: *Calendula officinalis*
Nachfolger: *Tulipa pulchella* 'Persian Pearl' (pflanzen, wenn der Ziertabak im Herbst ausgegraben wird)

Lopezia cordata 'Pretty Rose'

Diese eigenartige mexikanische Einjährige ist weitgehend unbekannt, dabei blüht sie fünf Monate und mehr. Streuen Sie die Samen in der Frühlingsmitte in flache Rillen ins vorbereitete Beet und gießen Sie in den Wochen vor und nach der Keimung. Die Pflanze wächst rasch zu einem regelmäßigen Polster heran und blüht etwa 70 Tage später. Die Farbe der Blüten changiert in allen Spielarten zwischen Hell- und Dunkelrosa. Lopezien sehen hervorragend am Beetrand zwischen größeren Einjährigen und Stauden aus.

H/B: 30 × 30 cm
Farbwirkung: Blüten: Sommer bis Herbst; Blätter: Sommer bis Herbst
Gut in Kombination mit: Silber, Purpur, dunklem Rosa, Graublau, Violett
Partner: *Cerinthe major* 'Purpurascens'
Nachfolger: *Colchicum autumnale* 'Water Lily'

Hemerocallis 'Stella de Oro'

Taglilien stammen ursprünglich aus China und Japan, aber erst amerikanische Züchter haben aus der üppigen Staude Abertausende von Sorten gezüchtet. *H.* 'Stella de Oro' hat die längste Blütezeit, wenn auch den Blütenblättern die oft spinnenhafte Eleganz ihrer Verwandten fehlt. Die Blätter erscheinen im zeitigen Frühjahr und wachsen zu einem regelmäßigen Horst heran, aus dem sich die Blüten an kurzem Stiel für einen Tag öffnen. Die Sorte ist anspruchslos: Ich habe sie in feuchten Böden in voller Sonne, in lichtem Schatten und sogar in Wiesen gepflanzt, wo sie wild wächst. Sie blüht im Beetvordergrund von Sommer bis in den Spätherbst.

H/B: 50 × 50 cm
Farbwirkung: Blüten: Sommer bis Herbst; Blätter: zeitiges Frühjahr bis Winter
Gut in Kombination mit: Rot, Silber, Blau, Violett, Orange, Gelb
Partner: *Delphinium* 'Bruce'
Nachfolger: *Liriope muscari*

Laurentia axillaris 'Indigo Stars'

Obwohl ich diese perfekte, kleine Einjährige seit 15 Jahren aussäe, verblüfft mich ihr Blütenreichtum immer noch. Im Laufe der Zeit habe ich verschiedene Sorten gesehen; *L.* 'Indigo Stars' ist die jüngste. Nach der frühen Aussaat auf der Fensterbank oder unter Glas vergehen etwa 100 Tage bis zur Blüte. In Töpfen oder im Beetvordergrund bildet sie ein regelmäßiges, schildkrötengroßes Polster aus Blättern und Blüten. Die blauvioletten Blüten sind gleichmäßig verteilt. Ein dunkles Geheimnis gibt es noch: Die Pflanze ist giftig – nach dem Berühren Hände waschen!

H/B: 25 × 30 cm
Farbwirkung: Blüten: Sommer bis Herbst; Blätter: Sommer bis Herbst
Gut in Kombination mit: Rot, Silber, Violett, hellem Braunorange, Purpur
Partner: *Verbena* 'Peaches 'n' Cream'
Nachfolger: *Viola wittrockiana* (für Blumenbeete und Töpfe)

10 WEITERE PFLANZEN

1. ***Brugmansia sanguinea***
2. ***Salvia sclarea* var. *turkestanica***
3. ***Verbena hastata***
4. ***Eryngium × tripartitum***
5. ***Francoa sonchifolia***
6. ***Sanguisorba officinalis* (Juni–Oktober)**
7. ***Aster × frikartii* 'Mönch'**
8. ***Veronicastrum virginicum* 'Fascination'**
9. ***Monarda* 'Violet Queen'**
10. ***Eccremocarpus scaber***

SPÄTSOMMER

Canna × ehemanii

Die markanten Blüten und Blätter der *Canna* peppen den erschöpften Spätsommergarten mit frischer Üppigkeit auf. Ich behandle diese aufrechten Stauden wie Dahlien (im Herbst ausgraben und lagern). *C.* × *ehemanii* ist jedoch etwas winterhärter und kann teils unter einer dicken Mulchschicht in durchlässigem Boden und voller Sonne draußen bleiben. Im Unterschied zu vielen überzüchteten Sorten haben die weichen, dunkelrosaroten Blüten eine gewisse Grazie. *C.* 'Panache' mit offenen, rosaroten Blüten in wechselnden Tönen und spitzen, blaugrün überhauchten Blättern ist ähnlich unwiderstehlich. Zur Vermehrung im zeitigen Frühjahr teilen.

H/B: 220 × 100 cm
Farbwirkung: Blüten: Sommer bis Herbst; Blätter: Sommer bis Herbst
Gut in Kombination mit: Purpur, Silber, Hellrosa, Gelb
Partner: *Impatiens tinctoria*
Nachfolger: *Leptospermum myrtifolium* 'Silver Sheen'

Cobaea scandens

Die kletternde Glockenrebe zeigt mitten in einem tropischen Triebgewirr große, violette Blüten mit cremeweißen Staubgefäßen. Von der Aussaat im Februar unter Glas vergehen fünf Monate bis zur Blüte – das Warten lohnt sich. Die Blüten präsentieren sich in vier wunderschönen Stadien: zuerst die kugelige, geschlossene, hellgrüne Knospe, dann die offene, violette Blütenglocke, die tellerförmigen Kelchblätter und schließlich die rautenförmigen Samenkapseln. Obwohl die Staude als Einjährige angeboten wird, hat sie bei mir über mehrere Winter vor einer Südwand überlebt. Sie braucht volle Sonne und nährstoffreichen, durchlässigen Boden.

H/B: 7 × 2–3 m
Farbwirkung: Blüten: Sommer bis Herbst; Blätter: Sommer bis Herbst
Gut in Kombination mit: Orange, Rosa, Silber, Hellgelb, Rot
Partner: *Eccremocarpus scaber*
Nachfolger: *Narcissus* 'Spellbinder'

Crocosmia 'Lucifer'

Gärtner, deren Leidenschaft der spätsommerlichen Opulenz gilt, schätzen die markanten Blätter und Blüten der Montbretien. Die intensiv roten Blütenstände auf kurzen Stielen sehen wie langhalsige Vögel aus. Auch die mittelgrünen, gerippten Blätter, die wie Schwerter wirken, behaupten ihren Platz im Beet. Sie schließen die Farblücke zwischen früher blühenden Stauden, die im Spätsommer verbleichen. Gute Partner sind purpurrote Blattschmuckstauden sowie Blau und Orange; mit kräftigem Gelb sehen sie billig aus. Montbretien brauchen volle Sonne und einen durchlässigen, frischen Boden; leichte Stützen halten die Horste zusammen.

H/B: 120 × 100 cm
Farbwirkung: Blüten: Sommer; Blätter: Frühling bis Herbst
Gut in Kombination mit: Purpurrot, Blau, Orange, Blauviolett
Partner: *Eryngium bourgatii* 'Picos Amethyst'
Nachfolger: *Chrysanthemum* 'Mary Stoker'

Euphorbia schillingii

Während manche Euphorbien im Spätsommer etwas verbraucht wirken, bleibt *E. schillingii* bis in den Herbst hinein frisch. Eine weiße Mitterippe betont die mittelgrünen Blätter. Zusammen mit den gelbgrünen Hochblättern unter den Blüten hat diese verlässliche Staude eine frühlingshafte Anmutung. Sie braucht lichten Schatten und relativ durchlässigen Boden. Wie ihre früher blühenden Verwandten rückt sie ihre Nachbarn – vor allem orange oder blau blühende Pflanzen – ins rechte Licht. Die weiße Mittelrippe harmoniert mit weiß blühenden *Aster divaricatus* als Nachbarn.

H/B: 100 × 80 cm
Farbwirkung: Blüten: Sommer bis Herbst; Blätter: Frühling bis Herbst
Gut in Kombination mit: Blau, Orange, Blauviolett, Rot, Weiß
Partner: *Aster divaricatus*
Nachfolger: *Hyacinthoides non-scripta*

Dahlia 'Honka'

Mit hellgelben Blütensternen über zurückgebogenen Kelchblättern scheint *D.* 'Honka' wenig Gemeinsamkeiten mit anderen Dahlien zu haben. Dahlien brauchen volle Sonne und nährstoffreiche, frische Böden. Hohe Sorten müssen gestützt werden, und alle blühen besser, wenn Sie welke Köpfchen regelmäßig entfernen. Pflanzen Sie die Knollen im Spätfrühling (vor Schneckenfraß schützen). In feuchten, kalten Böden werden sie auch bei mir im Spätherbst ausgraben, getrocknet und im Winter eingelagert. Im Botanischen Garten der Universität von Vilnius wachsen Hunderte von Dahliensorten in einer dramatischen Farblandschaft. Im Garten wirken sie besser neben unauffälligeren Arten. Weitere gute Sorten sind *D.* 'David Howard' (grelles Orange), *D.* 'Bishop of Dover' (Weiß mit einem Hauch Violett) und *D.* 'Chat Noir' (dunkles Purpurbraun).

H/B: 100 × 80 cm
Farbwirkung: Blüten: Sommer bis Herbst; Blätter: Sommer bis Herbst
Gut in Kombination mit: Blau, Orange, Blauviolett, Weiß, Grün
Partner: *Gaura lindheimeri*
Nachfolger: *Allium* 'Globemaster'

Lobelia × speciosa 'Russian Princess'

Bis zum Spätsommer brauchen die tiefpurpurnen Blätter dieser säulenförmigen Lobelie einen silbernen Partner, sonst verschmelzen sie mit dem Schatten. Doch dann plötzlich erscheinen die beispiellosen elektrisierenden, rosapurpurnen Blüten. Lobelien brauchen Sonne bis lichten Schatten und einen im Sommer feuchten, im Winter durchlässigen Boden – eine echte Herausforderung: Arbeiten Sie für eine gute Dränage Kies in den Boden ein und gießen Sie im Sommer regelmäßig. Schützen Sie die Jungpflanzen gegen Schneckenfraß. Zugegeben, das ist viel Aufwand, aber die einzigartige Farbe entschädigt für alles.

H/B: 100 × 45 cm
Farbwirkung: Blüten: Spätsommer bis Herbst; Blätter: Frühling bis Herbst
Gut in Kombination mit: Blauviolett, Grün, Hellrosa, Purpur, Graublau
Partner: *Hosta sieboldiana* var. *elegans*
Nachfolger: *Cardamine pratensis*

Amicia zygomeris

Diese empfindliche Staude aus den Anden ist eine gärtnerische Rarität; sie wird üblicherweise als Strukturelement im Hintergrund gepflanzt. Ich bin aber nicht an den mäßig gelben Schmetterlingsblüten, sondern den Nebenblättern mit purpurnen Adern interessiert. Sie unterstützen alle purpurnen Farbtöne in der Nähe, beispielsweise *Atriplex hortensis* var. *rubra* mit purpurnen Blättern und einer ähnlichen Wuchsform. Zusammen bringen die beiden rosa Töne vor ihnen zum Leuchten. Ohne volle Sonne schießt sie und muss gestützt werden. *Amicia* wächst auf den meisten Böden, kommt auf durchlässigen Böden aber besser über den Winter.

H/B: 200 × 100 cm
Farbwirkung: Blüten: Spätsommer bis Herbst; Blätter: Spätfrühling bis Herbst
Gut in Kombination mit: Blauviolett, Grün, Hellrosa, Purpur, Graublau
Partner: *Dahlia* 'Fascination'
Nachfolger: *Smyrnium perfoliatum*

Salvia patens

Das ist der Salbei für blauestes Blau, das regelrecht vor Intensität sprüht; ich habe gesehen, wie sich Menschen in öffentlichen Gärten um diese Pflanze scharten. Die fast filzig wirkenden Blüten sind für einen Salbei groß. *S. patens* wird zwar häufig als Einjährige gezogen, kann aber ausgegraben und frostfrei überwintert werden. Stecklinge im Spätsommer sind ein Kinderspiel. Bis auf extrem dunkles Violett und Blau sehe ich keine Farbe, die nicht zu ihr passte. Sie braucht volle Sonne und durchlässigen, frischen Boden. Super!

H/B: 70 × 50 cm
Farbwirkung: Blüten: Sommer bis Herbst; Blätter: Frühling bis Herbst
Gut in Kombination mit: Orange, Grün, Hellrosa, Rot, Weiß, Gelb
Partner: *Tithonia rotundifolia*
Nachfolger: *Tulipa*-Sorten (einpflanzen, wenn der Salbei zur Überwinterung ausgegraben wird)

Mirabilis jalapa

Ähnlich wie Dahlien braucht diese südamerikanische, betäubend duftende Knollenpflanze Zeit bis zur Blüte, aber das Farbspektrum ist sensationell – von Rosa und Rot bis zu Orange- und Gelbtönen. Und hier liegt ein Problem. Bis auf die Allerweltssorte *M. jalapa* 'Buttermilk' habe ich keine mit einer definierten Farbe gefunden, obwohl ich viele Sorten gesät, ausgewählt und wieder verworfen habe. Man kann sie entweder wie Dahlien im Winter herausnehmen oder in nährstoffreichem Boden mit dicker Mulchschicht überwintern. Sie passt hervorragend in eine späte exotische Gruppe; am frühen Abend verströmt sie ihr Parfüm.

H/B: 100 × 70 cm
Farbwirkung: Blüten: Spätsommer bis Herbst; Blätter: Spätsommer bis Herbst
Gut in Kombination mit: Dunkelgrün, Purpur, Violett
Partner: *Ricinus communis*
Nachfolger: *Nigella sativa* (blüht, bevor *Mirabilis* erscheint)

Geranium × riversleaianum
'Russell Prichard'

Mit geeigneten Storchschnäbeln füllen Sie ohne großen Aufwand den ganzen Sommer mit Farben. *G.* 'Rozanne' ist im Augenblick der Liebling der Gärtner; er blüht bis zu acht Monate lang mittelblau und weiß mit rötlichen Adern. Ebenfalls viele Monate, wenn auch nicht so üppig, blüht auch *G.* 'Dilys' mit hellen purpurrosa Blüten. Ich verlasse mich jedoch lieber auf den Klassiker *G.* 'Russell Prichard'. Er liefert eine üppig sprießende Masse weicher, graugrüner Blätter und blüht bis zu fünf Monate lang purpurrosa. Wie viele Storchschnäbel passt er sich gut an, gedeiht aber am besten in voller Sonne in durchlässigem, frischem Boden. Die traditionelle Beetpflanze sieht auch auf niedrigen Mauern großartig aus.

H/B: 30 × 100 cm und mehr
Farbwirkung: Blüten: Sommer bis Herbst; Blätter: Frühling bis Herbst
Gut in Kombination mit: Violett, Purpur, Gelbgrün, Hellblau
Partner: *Penstemon* 'Sour Grapes'
Nachfolger: *Scilla siberica*

10 WEITERE PFLANZEN

1. ***Helianthus salicifolius***
2. ***Abutilon* 'Canary Bird'**
3. ***Phlox paniculata***
4. ***Aster divaricatus***
5. ***Begonia grandis* subsp. *evansiana***
6. ***Ammi visnaga***
7. ***Eupatorium purpureum* 'Atropurpureum'**
8. ***Atriplex hortensis* var. *rubra***
9. ***Silybum marianum***
10. ***Monarda* 'Violet Queen'**

DAUER-BLÜHER

DAUERBLÜHER *fürs* GANZE JAHR

Es gehört zu den Freuden eines Gärtners, die Blüten einer Pflanze genießen zu können, die sich nur wenige Tage öffnen. Solche kleinen Juwelen, die aus der Erde brechen, blühen und sich wieder zurückziehen, verdienen unsere Aufmerksamkeit und Bewunderung, sind aber keine nachhaltige Basis für einen 365-Tage-Garten. Hier kommen die unerschütterlichen Dauerblüher ins Spiel, die wie verrückt blühen und den Garten in Farben tauchen. Im Laufe der Jahre habe ich in meinen Gärten die Blühfreudigkeit und Möglichkeiten von Hunderten, vielleicht Tausenden von Pflanzen getestet. Manche wurden von den Züchtern mit großem Enthusiasmus angekündigt und versagten doch im Garten kläglich. Die meisten der folgenden Pflanzen sind altbewährte Klassiker. Natürlich hängt die Wirkung der Stauden von Wetter, Standort und Boden ab, doch wenn ihre Ansprüche erfüllt werden, danken sie es mit zwölf Monate dauernder Farbenpracht!

Ganzjährig Farbe im Garten zu bekommen ist möglich durch die Verwendung von Pflanzen mit einer langen Blütezeit von sechs Monaten und mehr.

Rosa × odorata 'Bengal Crimson'
(ganzjährig)
Diese unvergleichliche Rose kann an einem warmen, geschützten Standort wirklich an jedem Tag des Jahres blühen. Ihre einzeln stehenden, roten Blüten erscheinen im Spätfrühling; die Nachblüte hält sich bis in den Spätherbst. Dann verändert sich die Blütenfarbe über den Winter in ein dunkles Rosa. Sie muss nicht geschnitten werden.
H/B: 3,5 × 3,5 m (sie schafft bis 6 m)
Standort: Sonne und nährstoffreicher Boden

Euphorbia ceratocarpa
(Frühlingsmitte bis Frühwinter)
Mit unterschiedlichen Euphorbien ist eine fast ganzjährige Blüte möglich, doch das schafft *E. ceratocarpa* auch allein: sie blüht vom Frühling bis zum Frühwinter. Die gelbgrünen Hochblätter und Blüten stehen über einem dichten, buschigen Polster aus schmalen Blättern mit weißer Mittelrippe, die grazil wie Weidenblätter sind.
H/B: 1,3 × 1,3 m
Standort: volle Sonne, durchlässiger Boden

Erysimum 'Bowles's Mauve'
(potenziell ganzjährig)
Dass die Sorte allgegenwärtig ist, macht sie nicht weniger begehrenswert. Zusammen mit *E.* 'Apricot Twist' sichert sie an einem geschützten Standort ganzjährige Blütenfarbe. Bestäuber lieben sie. Die hellviolette Blütenfarbe verändert sich mit den Jahreszeiten. Sie kann sich zu Tode blühen, daher sollten Sie Stecklinge schneiden.
H/B: 50 × 50 cm
Standort: volle Sonne, durchlässiger Boden

Nemesia denticulata 'Confetti'
(potenziell ganzjährig)
Diese außerordentliche Staude blüht unermüdlich. Seit ich sie vor drei Jahren in einem geschützten Londoner Garten gepflanzt habe, blüht sie ohne Anzeichen von Ermüdung. Entfernen Sie ab und zu ermattete Stängel und düngen Sie gelegentlich, dann übertrifft sie alle anderen Pflanzen.
H/B: 45 × 45 cm
Standort: volle Sonne

Pelargonium (Zonale-Hybriden)
(Frühsommer bis Spätherbst; potenziell ganzjährig)
Diese nahezu unverwüstliche Balkonpflanze zeigt trotz intensiver Zucht keine Anzeichen von Schwäche. Rote Sorten sind oft besonders kräftig und langlebig. Sie lässt sich leicht vermehren und verträgt Schnitt. Nur Trockenheit kann sie bremsen.
H/B: 45 × 45 cm
Standort: volle Sonne

Geranium 'Rozanne'

(Spätfrühling bis Spätherbst)

Die Royal Horticultural Society hat diesen nahezu fehlerlosen, äußerst blühfreudigen Storchschnabel zur Pflanze des Jahrhunderts gekürt. Die rotbraunen Linien in den hellblauen Blüten leiten die Bestäuber ins weiße Zentrum. Die Wuchsform erinnert an eine kompakte Kumuluswolke; auch über Mauern kriechend sieht sie gut aus.

H/B: 50 × 100 cm

Standort: volle Sonne und durchlässiger, frischer Boden

Geranium 'Dilys'

(Spätfrühling bis Spätherbst)

G. 'Dilys' kann beim Blütenreichtum definitiv nicht mit 'Rozanne' konkurrieren, wirkt aber dank der Abfolge kleiner, violettrosa Blüten liebenswert niedlich. Die kleinen, gefingerten Blätter bilden den perfekten Hintergrund. Die Staude gehört an den Beetrand, wo sie nicht von wuchtigeren Partnern erdrückt wird.

H/B: 30 × 40 cm

Standort: volle Sonne auf den meisten Böden (ohne Staunässe im Winter)

Rosa 'Heidetraum'®

(Spätfrühling bis Spätherbst)

Diese kompakte Teppichrose wurde als Bodendecker für lange Blütezeit gezüchtet und das schafft sie. Ihr fehlt vielleicht die Grazie älterer Sorten, aber eine acht Monate lange Blüte und Krankheitsresistenz machen das wett. Nach meiner Erfahrung ist die rosa Sorte dieser Rosengruppe optimal; es gibt auch weiße, bernsteinfarben und rubinrot blühende.

H/B: 70 × 100 cm

Standort: volle Sonne auf den meisten Böden; Stallmistmulch im Frühling

Daphne × *transatlantica* 'Eternal Fragrance'

(Spätfrühling bis Frühherbst)

Obwohl die eigentliche Blütenexplosion auf den Frühling beschränkt ist, zeigen sich auf diesem Seidelbast bis zum Herbst neue Blüten. Die Blüten in hellstem Rosa duften angenehm. Der Strauch ist kompakt genug für einen Kübel, wächst aber auch im Beet oder als niedrige Hecke.

H/B: 100 × 100 cm

Standort: volle Sonne oder Halbschatten und humoser Boden

Corydalis lutea
(Frühlingsmitte bis Spätherbst)
Dieser Lerchensporn fühlt sich in Ritzen und Spalten, in Kies und am Mauerfuß wohl, wo er sich oft selbst ansiedelt. Über einem dichten Polster aus geteilten Blättern leuchten monatelang kräftig gelbe Blüten. Er darf sich selbst aussäen und bleiben, wo er gefällt.
H/B: 20 × 20 cm
Standort: volle Sonne oder Halbschatten und durchlässiger Boden

Erigeron karvinskianus
(Spätfrühling bis Spätherbst)
Hat sich dieser zierliche Korbblüter erst einmal festgesetzt, sät er sich freigiebig in Kies, Pflaster und Mauern aus und vermehrt sich an Stellen, die ihm zusagen. Seine weißen Blüten, überhaucht mit unzähligen Rosatönen, verleihen selbst formalen Gärten den Anschein wilder Natur.
H/B: 20 × 20 cm
Standort: volle Sonne und durchlässiger Boden

Erigeron glaucus
(Frühsommer bis Spätherbst)
Die Küstenpflanze mit den markanten Blütenköpfchen hat viele Vorzüge. Die kompakte Pflanze lockt Bestäuber an und verzaubert im Beetvordergrund ihre Betrachter. Dank der hell grünblauen, immergrünen Blätter ist sie eine echte 365-Tage-Pflanze. Wildform und Sorten säen sich selbst in Ritzen und Spalten aus.
H/B: 20 × 20 cm
Standort: volle Sonne und durchlässiger Boden

Salvia nemorosa 'Ostfriesland'
(Spätfrühling bis Frühherbst)
Es gibt kaum einen Garten, in dem ich diesen kompakten, aufrechten Salbei nicht irgendwo untergebracht hätte. Seine violettblauen Blüten über purpurnen Hochblättern zeigen sich fünf Monate oder länger. In dichter Gruppe sorgt er in der Beetmitte für Spannung. Unverzichtbar.
H/B: 45 × 40 cm
Standort: volle Sonne und durchlässiger, frischer Boden

Pelargonium 'Surcouf'

(Frühsommer bis Spätherbst)

Viele der efeublättrigen Pelargonien blühen sechs Monate oder länger, doch diese Sorte überzeugt zudem mit unwiderstehlicher Blütenfarbe: Kronblätter mit dunkelrosa bis magentafarbener Basis und violetten und roten Tönen. Sie sieht im Topf aufregend aus und harmoniert mit nahezu jeder Farbe in ihrer Nähe.

H/B: 35 × 100 cm und mehr

Standort: volle Sonne und durchlässiger, frischer Boden; regelmäßig düngen

Fuchsia magellanica

(Spätfrühling bis Frühwinter)

Diese wilde Fuchsie aus Südamerika schmückt im Sommer und Herbst mit unzähligen Blüten. Sorten wie die weiße *F.* 'Hawkshead' sind genauso blühfreudig, weichen aber stärker vom Üblichen ab. Ein kräftiger Rückschnitt alle zwei Jahre hält den Strauch frisch und blühfreudig.

H/B: 200 × 150 cm

Standort: volle Sonne bis lichter Schatten auf den meisten Böden

Osteospermum jucundum

(Spätfrühling bis Herbstmitte)

Dieser südafrikanische Korbblüter wächst zu einem Unkraut unterdrückenden Teppich heran. Gelegentlich explodiert seine Blütenpracht, doch auch im übrigen Gartenjahr folgt Blüte auf Blüte. Sie verblassen in allen Schattierungen von Hellrosa mit einem schwachen Hauch Violett; perfekt für den Vordergrund trockener Beete.

H/B: 20 × 100 cm

Standort: volle Sonne und durchlässiger Boden

Viburnum tinus

(Winter bis Spätfrühling)

Dieser weiß blühende Immergrüne und seine Sorten wie *V.* 'Eve Price' werden oft als Strauch mit der längsten Blühperiode Großbritanniens bezeichnet; sie sind nützlich und verlässlich. Die geschlossenen, rosa Knospen erinnern an Beeren, die echten Früchte sind intensiv metallblau.

H/B: 3 × 2 m

Standort: volle Sonne auf den meisten Böden

Geum 'Totally Tangerine'

(Spätfrühling bis Herbst)

Diese wüchsige, gesunde Sorte ist anderen *Geum-* und *Potentilla-*Arten überlegen – unverzichtbar im Beet oder Kübel. Sie bildet ohne größeren Pflegeaufwand bis zu sieben Monate lang zahlreiche Blüten in changierendem Braunorange. Purpur und Magenta sind dramatische Partner, Silbertöne beruhigen die heißen Farben.

H/B: 50 × 50 cm

Standort: volle Sonne und frischer, durchlässiger Boden

Weigela 'All Summer Red'

(Spätfrühling bis Herbstmitte)

Dieser Neuling in der Gartenszene ist die weiterentwickelte Sorte eines alten Gartenklassikers. Sie wächst für eine Weigelie sehr kompakt. Sie ist zwar noch nicht lange auf dem Markt, scheint aber zu halten, was die Züchter versprechen: fünf bis sechs Monate lang Blüten.

H/B: 2 × 1,5 m

Standort: volle Sonne auf den meisten Böden

Salvia × jamensis in Sorten

(Spätfrühling bis Spätherbst)

Die zahlreichen Sorten dieser verlässlichen Hybride blühen von Hell- und Dunkelrosa bis zu Violett und Gelb. Obwohl die rot-weiße *S.* 'Hot Lips' gerade in ist, bevorzuge ich die primelgelbe *S.* 'La Luna'. Die Salbeisträucher blühen ohne Schnitt und mit Winterschutz sieben bis acht Monate lang.

H/B: 1,2 × 1,2 m

Standort: volle Sonne und gut gedüngter, durchlässiger Boden

Viola tricolor

(Spätfrühling bis Frühwinter)

Dieses fröhliche Veilchen, die Stammmutter zahlloser Sorten, blüht unermüdlich sieben bis acht Monate lang. Die Blüten (violett, weiß und gelb) mit dem unschuldigen Flair sind ein guter Hintergrund für immergrüne Kübelpflanzen. In naturnahen Bereichen wird es sich erfolgreich selbst versamen.

H/B: 30 × 30 cm

Standort: Sonne bis Halbschatten auf allen, außer sehr trockenen Böden

Erodium chrysanthum

(Frühsommer bis Spätherbst)

Es fällt schwer, diesen Reiherschnabel mit den silbrigen, geteilten Blättern und Blüten in zartestem Hellgelb nicht zu mögen; er blüht den ganzen Sommer und Herbst über. *E.* 'Country Park' ist eine rosa Sorte mit ähnlich langer Blühdauer, die gut in Kies, Pflasterritzen oder im Vordergrund eines Trockenbeets aussieht.

H/B: 20 × 40 cm

Standort: volle Sonne und durchlässiger Boden

Verbena bonariensis
(Frühsommer bis Spätherbst)
Wo diese beliebte, empfindliche Staude überwintern kann, blüht sie bereits im Spätfrühling. Die kräftigen Exemplare, die sich selbst ausgesät haben, blühen im Frühsommer. Nach 20 Jahren im Scheinwerferlicht ist die Verbene nicht mehr gerade in Mode, aber ein Garant für lange Blühdauer – Bestäuber lieben sie. Als locker wachsende und damit durchscheinende Pflanze kann sie überall im Beet stehen.

6 MONATE BLÜTEZEIT & MEHR

- ***Fragaria* 'Lipstick'** (Spätfrühling–Frühherbst)
- ***Coreopsis* spp.** (Frühsommer–Herbst)
- ***Diascia personata*** (Frühsommer–Herbst)
- ***Heuchera* 'Ginger Snap'** (Vollfrühling–Herbst)
- ***Fremontodendron californicum*** (Spätfrühling–Frühherbst)
- ***Clematis* Fleuri** (und alle verwandten Formen) (Vollfrühling–Spätsommer)
- ***Grevillea rosmarinifolia*** (Spätwinter–Frühsommer)
- ***Dianthus* 'EverLast™ Burgundy Blush'** (Frühsommer–Herbst)
- ***Hydrangea* 'Wim's Red'** (Frühsommer–Spätherbst)
- ***Potentilla fruticosa* 'Abbotswood'** (Spätfrühling–Frühherbst)
- ***Knautia macedonica*** (Spätfrühling–Herbst)
- ***Aster* × *frikartii* 'Mönch'** (Hochsommer–Spätherbst)
- ***Eryngium* × *tripartitum*** (Frühsommer–Herbst)
- ***Gaura lindheimeri*** (Frühsommer–Spätherbst)
- ***Centranthus ruber*** (Spätfrühling–Frühherbst)
- ***Astrantia* spp.** (Spätfrühling–Frühherbst)
- ***Scabiosa* 'Butterfly Blue'** (Frühsommer–Spätherbst)
- ***Antirrhinum braun-blanquetii*** (Spätfrühling–Frühherbst)
- ***Nemesia* 'Maritana Sky Lagoon'** (Frühsommer–Herbst)
- ***Diascia* 'Little Dreamer'** (Frühsommer–Herbst)
- **Beetpflanzen: *Impatiens, Tagetes, Lobelia, Petunia, Verbena, Bidens, Surfinia*** (Frühsommer– Herbst)
- ***Verbena hastata*** (Hochsommer–Spätherbst)
- ***Meconopsis cambrica*** (Vollfrühling–Frühherbst)
- ***Astrantia* 'Roma'** (Spätfrühling–Herbst)
- ***Kniphofia* 'Creamsicle'** (Sommer–Spätherbst)
- ***Corydalis ochroleuca*** (Frühling–Herbst)

SAISON VERLÄNGERN

Die BLÜHSAISON *in beide Richtungen* VERLÄNGERN ...

... mit den frühesten und spätesten Klassikern

Mit den richtigen Rosensorten blüht der Garten 9 Monate bis zum Frühwinter.

Narzissen sind Frühblüher – oder nicht? Die meisten ganz sicher, aber das ist eben nicht die ganze Geschichte. Wie Rosen, Waldreben und andere Gartenklassiker haben zwar auch Narzissen eine Hauptblütezeit, aber einige Sorten blühen viel früher oder viel später als ihre Verwandten. Indem Sie diese pflanzen, verlängern Sie die Narzissensaison auf über sieben Monate – vom Spätherbst bis zum Frühsommer. Das klingt abwegig, lässt sich aber einfach verwirklichen.

Dank der Pflanzensammler, die überall nach neuen Arten suchen und bei uns einführen, erweitert sich das Spektrum der Möglichkeiten stetig. Auch die Züchter bringen stets neue Hybriden und Sorten heraus, die länger oder außerhalb der Hauptblütezeit blühen.

Wir Gärtner profitieren davon und können mit ungewöhnlichen oder relativ seltenen Arten die Saison unserer Lieblingspflanzen verlängern. Wer sich informiert und diese „Saisonverlängerer" pflanzt, darf sich in seinem Garten an Rosen im Frühling oder Storchschnabel im Spätherbst erfreuen. Neue Pflanzen erweitern aber nicht nur das Spektrum der jeweiligen Lieblingspflanzen, sondern bereichern den Garten in den schwierigen Monaten mit zusätzlichen überraschenden Farben. So können Sie Ihre Lieblingspflanzen, seien es Waldreben oder Storchschnäbel, und ihre speziellen Eigenschaften – Wuchsform, Langlebigkeit oder Blütenfarbe – viel, viel länger genießen.

GERANIUM

DIE ERSTEN BLÜTEN

Die meisten Storchschnäbel blühen im Frühsommer, einige auch bis in den Herbst hinein, aber nur wenige Arten blühen früher. Als Erste blühen die Schattenstaude *G. phaeum* und ihre Hybride *G.* × *monacense* in der Frühlingsmitte mit violetten bis braunen Blüten – ich bevorzuge helle Töne, die im Schatten besser sichtbar sind. Aus den kleinen, nickenden Blüten ragen gut sichtbar die Staubfäden heraus. Der Klassiker *G.* 'Samobor' hat dunkle purpurbraune Blüten und eine attraktive Blattzeichnung in der gleichen Farbe. Das später blühende *G. cinereum* wird nur 15–20 cm hoch und hat Kronblätter in Rosatönen mit auffälligen Adern. Es braucht volle Sonne und durchlässige, sandige Böden.

Geranium phaeum 'Advendo'

H/B: 60 cm
Wuchsform: wohlgeformtes Polster
Blätter: mittelgrün
Standort: Schatten
Boden: durchlässig und frisch

HAUPTBLÜTEZEIT

Im Frühsommer blühen zu viele Storchschnäbel, um sie einzeln aufzuführen. Die folgenden Arten finde ich besonders nützlich: den weichen *G. ibericum* mit behaarten Blättern kenne ich aus dem Cottagegarten meines Urgroßvaters. Er wächst regelmäßig kuppelförmig und blüht dunkelviolett. *G. macrorrhizum* und seine Sorten zeichnen sich durch tief eingeschnittene Blätter aus – gute Bodendecker mit schöner Herbstfarbe. Sie blühen rosa oder weiß. *G. pratense* hat dagegen papierdünne Blütenblätter in blauen, rosa und weißen Tönen mit markanten Adern. Auch die mit 30 cm Höhe niedrigeren *G. renardii* und *G. sanguineum* haben ausgeprägte Adern. *G. renardii* zeichnet sich darüber hinaus durch besonders hübsche Blätter aus, deren Oberflächen an Trockenrisse im Boden erinnern.

DIE LETZTEN BLÜTEN

Obwohl die Blüte der hier erwähnten *Geranium*-Arten im Hochsommer einsetzt, bilden sie alle bis zur Herbstmitte unermüdlich Blüten. Die bekannteste Art dürfte *G.* × *oxonianum* sein, deren zahlreiche Sorten sich mit zahllosen Rosatönen schmücken. Während die meisten Blüten die charakteristische Form der Storchschnäbel haben, weisen die von *G.* 'Sherwood' eine markante Sternform auf. Auf *G.* × *riversleaianum* gehen zwei der drei extrem lange blühenden Sorten zurück: *G.* 'Mavis Simpson', die von einem Student im Steingarten von Kew entdeckt wurde, blüht unermüdlich hellrosa vom Hochsommer bis zum Herbst. Das tut auch *G.* × *riversleaianum* 'Russell Prichard', allerdings in Magenta. Vom Hochsommer bis zum Winter erscheinen die Blüten der Sorten von *G. wallichianum*, z.B. die berühmte 'Rozanne'. Die hellrosaviolette *G.* 'Lilac Ice' ist ein Sport von 'Rozanne' und blüht genauso lange.

Geranium 'Lilac Ice'

H/B: 50 × 100 cm
Blätter: mittelgrün, manchmal gefleckt
Wuchsform: ausgebreitet, wolkig
Standort: volle Sonne
Boden: durchlässig und frisch

Geranium phaeum **'Advendo'** *(ganz oben)* **blüht im Frühling,** ***Geranium*** **'Lilac Ice'** *(oben)* **im Herbst.**

CLEMATIS

Clematis armandii 'Apple Blossom' *(ganz oben)* blüht oft schon im Spätwinter. *Clematis erophylla* 'Winter Beauty' *(oben)* etwas später.

DIE ERSTEN BLÜTEN

Aus der großen Gattung der Waldreben findet sich für jeden Monat des Jahres eine Art, die dann blüht. Die frühesten Blüten zeigen sich im Spätwinter auf immergrünen Arten wie *C. cirrhosa*, deren nickende Blüten an *Helleborus* erinnern (siehe S. 204) und *C. armandii*. Beide gehören zur Schnittgruppe 1, werden also nur nach der Blüte etwas ausgelichtet. Im Frühling folgen dann *C. montana*, C. *alpina* und C. *macropetala* (Schnittgruppe 1) mit kleinen, aber leuchtend gefärbten Blüten. Die wüchsigen Sorten von *C. montana* blühen in einem mittleren Rosaton, die glockenförmigen Blüten von *C. alpina* sind violettblau und die der Sorten von *C. macropetala* hellrosa, violett und blau.

Clematis armandii 'Apple Blossom'

H/B: 5–6 m
Blätter: dunkel, gerippt, glänzend
Wuchsform: wüchsiger Rankenkletterer
Standort: Sonne bis Halbschatten (Westmauern sind gut)
Boden: humos und frisch

HAUPTBLÜTEZEIT

Zwischen sehr spätem Frühling und Frühsommer ist das Farbspektrum der blühenden Waldreben am größten. Jetzt blühen großblumige Sorten wie *C.* 'Vyvyan Pennell' mit riesigen, gefüllten Blüten in Hellviolett oder *C. florida* 'Sieboldii', aus deren weißen Blüten ein Büschel purpurner Staubblätter ragt. Beide werden im zeitigen Frühjahr bis auf kräftige Knospen zurückgeschnitten (Schnittgruppe 2). Erwähnenswert ist auch die Sorte *C.* 'Dr. Ruppel' mit 15 cm breiten, dunkelrosa Blüten, die am Rand in Weiß übergehen.

DIE LETZTEN BLÜTEN

Zwischen Spätsommer und Spätherbst blühen meiner Meinung nach einige der besten Waldreben mit ganz unterschiedlichen Wuchsformen (Rückschnittgruppe 3). Ihre Blüten sind kleiner als die der Sommerblüher, aber äußerst elegant. Die *Viticella*-Hybriden haben schönes Laub und kleine bis mittelgroße Blüten. Vorzügliche Sorten sind *C.* 'Etoile Violette' mit nahezu runden Blüten in dunklem Rosaviolett und die weiß, hellgrün und violett gefärbte *C.* 'Alba Luxurians'. Spät im Jahr blühen auch Schönheiten wie *C. tangutica* mit gelben, glockenförmigen Blüten – die Knospen sehen genauso hübsch aus – mit dicken Kronblättern oder *C. texensis* mit meist roten, tulpenförmigen Blüten. Alle blühen bis in den Herbst, bis sich die ersten Winterwaldreben melden, etwa *C. urophylla* 'Winter Beauty'. *Clematis* der Gruppe 3 werden im zeitigen Frühjahr bis auf 30 cm über dem Boden zurückgeschnitten.

Clematis texensis 'Princess Diana'

H/B: 3 × 3 m
Blätter: mittelgrün, klein
Wuchsform: zierliche Kletterpflanze
Standort: Sonne bis Halbschatten
Boden: humos und frisch

TULIPA

DIE ERSTEN BLÜTEN

Als erste Tulpen blühen im Spätwinter bzw. zu Frühlingsbeginn die kurzstängeligen Wildtulpen, die *T.-kaufmanniana*-Sorten und die ebenso kurzen *T.-greigii*-Hybriden. Die gedrungene Form könnte im Zuge der Evolution entstanden sein, um das empfindliche Wachstumszentrum durch Blätter vor eisigen Winterwinden zu schützen. Viele der Wild- und *T.-kaufmanniana*-Sorten haben sternförmige Blüten in vielen Farben, während die *T.-greigii*-Abkömmlinge meist rot oder kräftig gelb blühen; ihre Blätter sind oft purpurbraun gezeichnet.

Tulipa polychroma

H/B: 15 × 10 cm
Blätter: graugrün
Blütenform: mehrblütig, sternförmige Blüten
Standort: volle Sonne
Boden: sandig, sehr durchlässig aber frisch

HAUPTBLÜTEZEIT

Um die Frühlingsmitte herum erscheinen sehr viele Tulpen mit unterschiedlichen Wuchsformen, Umrissen und Größen. Als Erste zeigen sich gewöhnlich die frühen einfach blühenden oder frühen gefüllt blühenden Tulpen. Ihre becherförmigen Blüten in nahezu allen Farben stehen auf 30 cm hohen Stängeln. Zur gleichen Zeit blühen auch die meist gelben und roten *T.-fosteriana*- und Darwin-Hybrid-Tulpen. Ich schätze diese nützlichen, langlebigen und lange blühenden Tulpen von durchschnittlich 60 cm Höhe sehr. Dazu gehören die verträumte hellrosa-apricotfarbene *T.* 'Daydream' und die buttermilchgelbe *T.* 'Ivory Floradale'. Ebenfalls in der Mitte der Saison blühen die mittleren Tulpen wie die üppige *T.* 'Abu Hassan'. Sie hat dunkle purpurbraune, gelbbraun abgesetzte Blütenblätter – man muss sie sehen, denn sie ist atemberaubend.

DIE LETZTEN BLÜTEN

Im Spätfrühling schlägt die Stunde der späten einfach blühenden und späten gefüllt blühenden Tulpen wie *T.* 'Violet Beauty' und die hellrosa *T.* 'Angélique'. Zur gleichen Zeit blühen auch die *T.-viridiflora*-Sorten in zahlreichen Farben mit grünen Streifen und die Rembrandt-Tulpen mit flammenden Blütenblättern. Außerdem blühen hochstängelige lilienblütige Tulpen wie die traditionelle, gelb blühende *T.* 'West Point' mit spitzen Blütenblättern sowie die Papageien-Tulpen mit federartigen Blütenblättern in allen nur denkbaren Farben.

Tulipa 'Black Parrot'

H/B: 60 × 10 cm
Blätter: graugrün
Blütenform: becherförmig, federartige Blütenblätter
Standort: volle Sonne
Boden: sandig, sehr durchlässig, aber frisch

Tulipa polychroma *(ganz oben)* **gehört zu den ersten Tulpen im Jahr. *Tulipa* 'Black Parrot'** *(oben)* **blüht erst im Spätfrühling.**

NARCISSUS

Narcissus 'Rijnveld's Early Sensation' *(ganz oben)* gehört zu den ersten Narzissen im Jahr. Nur *Narcissus* 'Cedric Morris' *(oben)* blüht manchmal noch früher.

DIE ERSTEN BLÜTEN

Ab dem Spätwinter zeigen sich die ersten Narzissen des neuen Jahres. Es sind oft kurze, zierliche Wildarten wie *N. cantabricus*, deren durchscheinend weiße Blüten sich an sehr geschützten Orten oder im kalten Glashaus als Erste öffnen; Tazetten *(N. tazetta)* geht es ähnlich. Sorten von *N. cyclamineus* sind dagegen winterhart; die tapferen kleinen Burschen sehen großartig in einer Spätwinter- bzw. Vorfrühlingsgruppe aus. Besonders früh zeigen sich die niedrige *N.* 'Snipe' mit langer Nebenkrone und zurückgebogenen Kronblättern sowie die gedrungenen, mittelgelben *N. minor* und *N. × odorus*. Weitere früh blühende Narzissen sind Zwergformen wie die bewährte *N.* 'Tête-à-Tête' und andere.

Narcissus 'Rijnveld's Early Sensation' (Spätwinter)

H/B: 45 cm
Blätter: mittelgrün
Blütenform: trompetenförmig
Standort: volle Sonne bis leichter Schatten
Boden: frisch, normal durchlässig

HAUPTBLÜTEZEIT

Die meisten Narzissen blühen in der Frühlingsmitte als klassische Osterglocken mit einer langen, breiten Nebenkrone (Trompete). Hierher gehören die orangegelbe *N.* 'Dutch Master' und andere Sorten, die gerne in öffentlichen Parks gepflanzt werden. Daneben blühen Sorten mit großen und kleinen becherförmigen Blüten mit kurzer Nebenkrone, z. B. die entzückende *N.* 'Faith' mit pfirsichfarbener Nebenkrone und runden, weißen Kronblättern. In der Frühlingsmitte kommen die gefüllten Sorten wie die bemerkenswerte *N.* 'Sir Winston Churchill' ins Spiel. Diese hat eine gelborangefarbene, unregelmäßige Nebenkrone über weißen Kronblättern.

DIE LETZTEN BLÜTEN

Im Spätfrühling, gelegentlich bis in den Frühsommer hinein, blühen die Sorten von *N. triandrus*, *N. jonquilla* und *N. poeticus*. Und dann gibt es noch die richtig spät (oder je nach Sichtweise auch besonders früh) blühenden Sorten wie *N.* 'Cedric Morris' im Spätherbst. Die zierlich eleganten Sorten von *N. triandrus* tragen mehrere nickende Blüten pro Stängel. Eine gute Sorte ist *N.* 'Hawera' mit gut verteilten, zartgelben, sternförmigen Blüten. Abkömmlinge von *N. jonquilla* sehen ähnlich aus, haben aber eine kürzere Nebenkrone und duften oft angenehm. Probieren Sie *N.* 'Pipit' mit hellgelben, weiß gestreiften Blüten aus.

Meine absoluten Lieblinge gehören zu *N. poeticus* (rechts). Sie haben flache Blüten mit kurzen, kleinen Nebenkronen. Ihr schwerer Duft zieht durch den ganzen Garten. Die aufregende *N. poeticus* var. *recurvus* hat weiße, duftende Blüten mit winzigen roten, gelben und grünen Nebenkronen. Sie blüht vom Spätfrühling bis zum Sommer (in kühlen Jahren).

Narcissus 'Cedric Morris' (Spätherbst)

H/B: 30 cm
Blätter: mittleres Graugrün
Blütenform: lange Nebenkrone und nach vorn gebogene Kronblätter
Standort: volle Sonne bis Halbschatten
Boden: die meisten frischen Böden

ROSA

DIE ERSTEN BLÜTEN

Nur wenige Rosen wagen eine Frühlingsblüte, die meisten warten bis zum Frühsommer. Dabei gibt es unter den Frühblühern echte Schönheiten: Die berühmte Kletterrose *Rosa banksiae* 'Lutea' bildet im Spätfrühling vor sehr warmen Mauern massenhaft kleine, hellgelbe Blüten. Auch die Teppichrosen (optimal sind weiße und rosa) blühen früh. Die Englische Strauchrose *R.* 'Mortimer Sackler' schmückt sich im Spätfrühling mit kleinen rosa Blüten und hält nahezu das ganze Jahr über durch. Auch die naturnahe *R. pimpinellifolia* trägt sehr früh kleine, einfache, weiße Blüten, die im Spätsommer und Herbst zu wundervollen mahagonifarbenen Hagebutten werden. Als Erste blüht aber *R. xanthina* 'Canary Bird'.

Rosa xanthina 'Canary Bird'

H/B: 2 × 2 m
Blätter: immergrün, hellgrün, gefiedert
Wuchsform: säulenartig bis frei
Standort: volle Sonne
Boden: nährstoffreich und durchlässig, frisch

HAUPTBLÜTEZEIT

Rosen lassen sich grob in zwei Gruppen gliedern – alte und moderne. Während viele der alten Sorten nur einmal blühen, blühen zahlreiche neue Arten dauerhaft oder mehrfach. Daher bevorzuge ich die modernen Sorten, insbesondere die sogenannten Englischen Rosen von David Austin. Durch Kreuzung verschiedener Eltern hat er Sorten gezüchtet, die wie alte Rosen aussehen, aber mehrfach blühen wie moderne Rosen. Im Frühsommer erreichen die meisten Rosen ihren Zenit. Teehybriden (Edelrosen), die vermutlich am häufigsten gepflanzten Rosen, erstrahlen in allen erdenklichen Farben außer Blau. Die ähnlichen Floribundarosen haben kleinere, in Büscheln stehende Blüten. Beide blühen bis zur Herbstmitte. Ähnlich in Form und Farbspektrum sind die modernen Kletterrosen. Während die klassische *R.* 'New Down' bis zum Herbst blüht, blühen andere Kletterrosen nur einmal. Die pflegeleichten Bodendeckerrosen blühen üppig von Frühling bis zum Winter.

DIE LETZTEN BLÜTEN

Wenn der Winter langsam den Garten erobert, behalten einige Rosen ihre Farben bis zu den ersten Frösten. Vor allem die im Sommer unentwegt blühenden Teehybriden, Floribunda-, Kletter- und Bodendeckerrosen halten noch durch, wenn sie regelmäßig gedüngt und welke Blüten abgeschnitten wurden, und tragen so alle Farben (außer Blau) bis in den Herbst hinein. Das gilt auch für Sorten wie *R.* 'Ballerina', die ab dem Sommer stetig neue Blütenbüschel bildet. Bei gutem Wetter machen auch viele Englische Rosen weiter. *R.* 'The Mayflower' und die köstlich rosa *R.* 'Mortimer Sackler' blühen ab dem Spätfrühling bis in den Frühwinter.

Rosa 'Molineux'

H/B: 1 × 1 m
Blätter: mittelgrün, glänzend
Blütenform: kugelige Blüte
Standort: volle Sonne
Boden: gedüngt, frisch

Rosa 'Molineux' *(ganz oben)* blüht bis zum Frost, *Rosa xanthina* 'Canary Bird' *(oben)* gehört zu den ersten Rosen im Spätfrühling.

PERFEKTE PAARE

Perfekte PAARE

Manche Pflanzen sind wie füreinander geschaffen – wie Erdbeeren und Schlagsahne. Ob nun ihre Farben miteinander harmonieren, sie gleichzeitig oder direkt nacheinander blühen oder sie sich gegenseitig unterstützen – sie sind zusammen stärker als allein. Artischocken sehen am Ende des Sommers verbraucht aus, doch mit einer Prunkwinde, die über ihre Stängel klettert, führen sie ein neues Leben – nicht länger als Star, sondern als Stütze. Maiglöckchen bieten im Spätsommer einen traurigen Anblick. Herbst-Alpenveilchen als Partner sorgen aber mit ihren Blüten und den marmorierten Blättern über Herbst und Winter für Leben, bis die Maiglöckchen im nächsten Frühling wiederkehren. Mit solchen Paaren lässt sich auch im kleinen 365-Tage-Garten das Farbspektrum erweitern. In neu angelegten Gärten ist das einfach, aber Sie können auch im etablierten Garten einer alten Pflanze eine neue zur Seite stellen. Es gibt Tausende möglicher Paarungen und die Suche nach einem passenden Partner ist eine spannende Herausforderung. Für den Start stelle ich in diesem Kapitel bewährte Paare vor, die garantiert miteinander harmonieren.

Für naturnahe Gärten

Erigeron karvinskianus und *Campanula poscharskyana*

Manchmal ergibt sich diese magische Paarung durch Zufall, denn beide Partner säen sich freigiebig selbst aus und finden ganz unerwartet zueinander. Sie mögen Trockenmauern, Steingärten, Fugen im Pflaster und andere einladende Spalten. Ich kenne eine Straße in London, die langsam aber sicher von den beiden wunderschön besiedelt wird. Sie blühen vom Spätfrühling bis zum Sommer, aber *Erigeron* hält bis zu den ersten Frösten durch. Sie können Samen ausstreuen, aber sicherer sind einige Startpflanzen – den Rest erledigt die Natur.

Für ein prachtvolles Herbstschauspiel

Ipomoea lobata und *Salvia guaranitica*

Orangegelb und Blauviolett sind Kontrastfarben, die sich gegenseitig zum Leuchten bringen. Da manche Blüten stärker orange und blau getönt sind, entsteht eine aufregende Mischung von Farbtönen. Ich liebe das. Damit diese Kombination des Spätsommers und Herbstes funktioniert, darf der Salbei im Winter nicht beschnitten werden, denn seine verholzten Triebe bilden das Klettergerüst. *Ipomoea* wird unter Glas an einem Stab aufgezogen, der den Übergang auf den Salbei erleichtert. Beide profitieren von Flüssigdünger während des Sommers.

> ❛❛ Durch die kontrastierenden Farben scheinen diese Pflanzpaare noch stärker zu leuchten. ❜❜

Für Leuchtkraft im lichten Baumschatten

Astrantia major und *Euphorbia griffithii* 'Fireglow'

Diese perfekte Kombination wächst im The Garden House in Devon. Die beiden scheinen innig miteinander verbunden zu sein – viel mehr als zwei Pflanzen nebeneinander. Lange bevor die Sterndolde ihr Blattpolster ausgebildet hat, drängelt sich *Euphorbia* schon ans Licht und präsentiert ihre Triebe in Technicolor. Von Spätfrühling bis Hochsommer strecken sich die anfangs kurzen Triebe und holen die Sterndolde ein. Blätter und Hochblätter schimmern in verschiedenen, schmeichelhaften Tönen, ehe sie wieder verschwinden. Beide Arten mögen feuchte Bedingungen im lichten Baumschatten

Für doppelte Farbe

Cynara cardunculus und *Ipomoea purpurea*

Dieses Paar bringt doppelte Blütenpracht ohne zusätzliche Fläche – ideal für kleine Gärten. Wenn die Blütenstängel der Artischocke im Hochsommer erscheinen, folgt ihr die Prunkwinde auf dem Fuß; sie windet sich an den Trieben ihrer Stütze etwa 2 m hoch empor. Im Spätsommer blühen beide Partner gemeinsam. Doch während die mattlilafarbenen Blüten der Artischocke schon nach sechs Wochen vergehen, bildet die Prunkwinde auf den hilfreichen Trieben ihres Partners noch bis zum Herbstanfang zartmagentafarbene Blüten

» Dieses Paar strotzt vor Blühfreudigkeit und braucht nur wenig Platz – ideal auch für kleinere Gärten. «

Für Farbe, Textur und Ausbreitung

Verbascum 'Pink Petticoats' und *Foeniculum vulgare* 'Purpureum'

Ich habe dieses unaufdringlich zarte Pärchen immer wieder verwendet. Da beide nur in der prallen Sonne gedeihen, dürfen sie nicht dicht an dicht in einer Rabatte stehen, sondern brauchen Platz in durchlässigem Boden, um sich entfalten zu können – wiederholt gepflanzte Paare verstärken die Wiesenanmutung. Die dunklen Knospen der Königskerze harmonieren mit dem filigranen Burgunder der Fenchelblätter, während später die zartrosa Blüten als raffinierter Kontrapunkt wirken. Ein weiterer guter Partner ist die Neuzüchtung *V. phoeniceum* 'Rosetta'. Wie der Fenchel sät sie sich selbst in ihrer Umgebung aus, sodass sich beide Schritt für Schritt ausbreiten.

Für ganzjährige Farbe auf kleinem Raum

Convallaria majalis und *Cyclamen hederifolium*

Maiglöckchen und Alpenveilchen wachsen auf der gleichen Fläche und haben in allen Jahreszeiten etwas zu bieten. Sie blühen im Abstand von fünf Monaten und decken den Partner ab, wenn er schwächelt: wenn die Blätter des Alpenveilchens im Frühling welken, werden sie von Blättern und Blüten des Maiglöckchens verdeckt. Im September, wenn die Maiglöckchenblätter den Sommerstress nicht mehr leugnen können, verschwinden sie unter den Blüten und kurz darauf den Blättern des Alpenveilchens – die Stelle bleibt bis zum nächsten Frühling frisch und hübsch, wenn das Spiel aufs Neue beginnt.

Für den großen Auftritt im Frühling

Tulipa 'Spring Green' und *Polystichum setiferum*

Diese Paarung überrascht im Spätfrühling mit einer Frische und Reinheit, die man gewöhnlich früher im Jahr erwartet. Zusammen mit den gefiederten, weichen, zierlichen Farnwedeln schieben sich die staubig blaugrünen Blätter und Knospen der Tulpe aus dem Boden. Der Gleichklang der Grüntöne und der Kontrast zwischen markanten Tulpenblättern und zierlichen Farnwedeln sind der erste Akt des Dramas. Nachdem die Farnwedel völlig entfaltet sind – hellgrün mit orangebraunen Blattstielen –, folgt etwa drei Wochen später das glorreiche Finale mit Tulpenblüten weißer als Weiß mit zartgrünen Streifen. Beide Arten lieben lichten Schatten und frischen, durchlässigen Boden. Pflanzen Sie für optimale Wirkung je Farn sechs bis sieben Tulpen.

»Diese beiden Stauden haben elfengleiche Blüten wie aus einem Märchenland.«

Für maximalen Nutzen auf kleinstem Raum

Nerine bowdenii und *Iris* (Bartiris)

Diese beiden Pflanzen blühen spektakulär, allerdings nur für kurze Zeit und sehen im Rest des Jahres langweilig aus. Als Paar gleichen sie diesen Nachteil aus. Wenn die Irisblüten im Spätfrühling welken, sprießen die Blätter der Guernseylilie und sorgen im Sommer für frische Farbe. Für die Wirkung kommt es maßgeblich auf den Abstand an: *Nerine* muss so nah stehen, dass die beiden als Paar wirken, aber nicht so nah, dass sie das *Iris*-Rhizom beschattet oder bedrängt. Im Herbst haucht *Nerine* der Gruppe mit elektrisierenden rosa Blüten neues Leben ein. Mit einigen dazwischen gestreuten *I. reticulata* blüht derselbe Fleck sogar im Winter.

Für tollen Kontrast im Sommer

Erigeron 'Darkest of All' und *Milium effusum*

Fünf Jahre, nachdem ich diese Paare in einem Garten in Norfolk gepflanzt hatte, sah ich mir das Ergebnis an und war begeistert. Es hätte schiefgehen können, wie viele meiner Experimente mit Violett und Gelb, doch diesmal sah es gut aus. Beide Farben sind leuchtend und satt. Sie erscheinen zur gleichen Zeit und das gelbe Zentrum im Blütenköpfchen von *Erigeron* harmoniert mit dem Gelb des Grases. Da sich das Gras stark versamt, müssen die Sämlinge regelmäßig vereinzelt werden, damit das Berufskraut nicht erdrückt wird. Beide brauchen volle Sonne und frischen, durchlässigen Boden.

Für Bestäuberinsekten

Veronicastrum virginicum und *Foeniculum vulgare*

Die sanften Farben dieser Stauden erzeugen ein Bild einer überdimensionalen Märchenwiese – alles wirkt zart, unberührt und verlockend. Tatsächlich sind die beiden Stauden jedoch ziemlich robust und halten Wind und Regen des Sommers besser stand als eine normale Wiese. Allerdings brauchen sie etwa drei Jahre, um sich endgültig zu etablieren. Die Blüten in gedämpftem Violett und Gelb kontrastieren miteinander, wirken aber dennoch zurückhaltend und dezent. In voller Sonne auf durchlässigem Boden locken sie im Hoch- und Spätsommer zahllose Bestäuber an. In den vertrockneten, oberirdischen Teilen finden nützliche Florfliegen und Schwebfliegen stabile Winterquartiere.

Für intensive Farben

Alchemilla mollis und *Geranium psilostemon*

Ich pflanze dieses Paar wegen der unheimlich intensiven Farben. Purpurrot und helles Gelbgrün sind zwar Farben, die man eher bei Bonbonpapieren erwartet, aber sie sind genau das Richtige für den Sommer. Die beiden Arten erscheinen etwa gleichzeitig im Frühling und werden nach der Blüte zurückgeschnitten. Dann bildet der Frauenmantel neue Blätter und der Storchschnabel blüht ein zweites Mal. Die Farbwirkung ist dann zwar weniger aufregend, aber frische Blätter und Blüten im Spätsommer sind ein Plus im Vordergrund von Rabatten oder im Kiesgarten.

Für Farbwirkung an Mauern

Clematis 'Perle d'Azur' und *Rosa* 'New Dawn'

Die Kombination von Kletterrosen und Waldreben ist nicht gerade revolutionär, aber die Suche nach idealen Partnern kann kniffelig sein. Nur Paare, die ähnlich wüchsig und blütenreich sind, erdrücken sich nicht gegenseitig. Diese beiden, die puderrosa, zart durchscheinende *Rosa* 'New Dawn' sowie die blauviolette *Clematis* 'Perle d'Azur', hat schon Gertrude Jekyll verwendet. An einer Pergola oder relativ sonnigen Mauer sind sie im Sommer hemmungslos romantisch. Nach der Hauptblüte im Juli blüht die Waldrebe nur noch sparsam, während sich die Rosenknospen bis zum Spätherbst öffnen.

Für eine auffällige Farbkombination in der Beetmitte

Achillea 'Terracotta' und *Aconitum carmichaelii* var. *wilsonii*

Farben, die sich im Farbkreis gegenüberstehen, garantieren Aufmerksamkeit durch erstaunliche Kontraste. Dieses unwiderstehliche Pärchen funktioniert im Staudenbeet am besten in Massen; beide blühen im Spätsommer mehrere Wochen lang parallel. Der Eisenhut hört meist als Erster zu blühen auf. Dann bilden die schmutzig orangefarbenen Blüten der Schafgarbe mit dem gelben Laub des Eisenhuts eine zweite Farbkombination. Ein Hintergrund aus silbrigen Blättern gibt dem Pärchen mehr Würze. Da *Aconitum* etwas feuchtere Böden bevorzugt als *Achillea,* reichern Sie sein Pflanzloch mit Gartenkompost an.

Für eine übergangslose Nachfolge

Hyacinthoides non-scripta und *Aster divaricatus*

Hier versteckt ein Partner die Sünden des anderen. Während der wundervollen, fast violettblauen Blüte im Spätfrühling ist *Hyacinthoides* schlicht großartig. Doch wenn die Blätter nach der Blüte gelb werden, zeigen sie ihr hässliches Gesicht. Rechtzeitig vorher erscheint die Aster und kaschiert mit ihren niederliegenden, fast schwarzen Stängeln die Überreste des Hasenglöckchens. Im Hochsommer ist sie ausgewachsen und bildet Myriaden winziger Sterne, die das Blattpolster wie Schaum bedecken. Schneiden Sie die Aster im Herbst zurück, damit die Hasenglöckchen im Frühling freie Bahn haben.

„Dieses kraftstrotzende Paar blüht unermüdlich vom Frühsommer bis in den Herbst. Einfach bezaubernd.“

Für eine klassische Partnerschaft

Rosa 'Dusky Maiden' und *Geranium* 'Brookside'

Gärtner setzen seit Generationen auf die Partnerschaft von Rosen und Storchschnäbeln. Allerdings wählen sie häufig Sorten, die gemeinsam im Frühsommer blühen. Ich finde länger blühende Sorten viel interessanter. Die dunkelpurpurroten, im Sonnenlicht glühenden Blüten von *Rosa* 'Dusky Maiden' werden durch die zartblauen Kronblätter von *Geranium* 'Brookside' noch besser in Szene gesetzt. Wenn Sie nicht nur im Sommer magische Momente erleben möchten, pflanzen Sie *Rosa* 'Munstead Wood' mit *Geranium* 'Rozanne'. Dieses starke Duo blüht vom Frühsommer bis in den Herbst.

Für eine subtile, sommerlange Paarung

Nicotiana mutabilis und *Verbena bonariensis*

Ich würde zwar gerne behaupten, dass ich lange über diese raffinierte Partnerschaft nachgedacht habe, aber tatsächlich verdanke ich sie einem Zufall, als ich Ziertabak gepflanzt habe. In der dabei aufgelockerten Erde ruhten noch einige Verbenen-Samen, die dann keimten. Die Paarung, die so entstand, war perfekt: gleiche Höhe, Farbintensität und beide stolz aufrecht und durchscheinend. Während sich die Verbenen am Standort (offener, durchlässiger Boden) selbst aussäen, muss der Ziertabak unter Glas vorgezogen werden. Das Paar blüht etwa vier Monate lang von Hochsommer bis Herbstmitte. Mit späten Tulpen wie *Tulipa* 'Black Parrot' wird das Duo zum Trio; sie blühen in relativ durchlässigem Boden jedes Jahr.

HERBST-PFLANZEN

FRÜHHERBST

Agastache
'Firebird'

Diese nicht winterharte Staude erinnert an Salbei, hat aber farblich viel mehr zu bieten. Vom Hochsommer bis zur Herbstmitte ist sie mit leuchtend orangefarbenen Blüten übersät, deren Farbe durch die grau überhauchten Blätter noch intensiviert wird. *Agastache* wächst dank ihrer kompakten Form durchaus auch im Kübel, sieht aber als Gruppe im Beet zwischen Sommerblumen oder Stauden viel besser aus. Sie kann selbst auf sehr durchlässigen Böden im Winter erfrieren – überwintern Sie die Staude im Gewächshaus oder schneiden Sie im Spätsommer Stecklinge. Der leuchtend orange-graue Kontrast stellt sich nur in voller Sonne ein.

H/B: 70 × 40 cm
Farbwirkung: Blüten: Sommer bis Herbst; Blätter: Frühling bis Herbst
Gut in Kombination mit: Violett, Purpur, Blau, Rot, Hellgelb
Partner: *Kniphofia* 'Nancy's Red' und *Elymus arenarius*
Nachfolger: Zwergtulpen (einpflanzen, wenn *Agastache* ins Winterquartier zieht)

Eucryphia × nymansensis
'Nymansay'

Die meisten Sträucher und Bäume blühen im Frühherbst nicht mehr, nicht so *Eucryphia*. Die Sorte dieser Hybride aus zwei chilenischen Strauchsarten hat frühlingsfrische, weiße Blüten irgendwo zwischen *Helleborus* und *Philadelphus*. Im Sommer fällt der immergrüne Baum bzw. sehr große Strauch mit säulenartigem Wuchs und reicher Blütenpracht wegen seinen dunkelgrünen Blättern kaum auf. Er liebt sauren Boden, aber die Wurzeln des 30-jährigen Exemplars, das ich am besten kenne, ist längst aus dem Torf seines Pflanzlochs herausgewachsen – es verträgt also etwas Kalk. Pflanzen Sie das Gehölz in die Sonne und säuern Sie den Boden mit einer torffreien Alternative an; auf der Windseite gut stützen und dann den Anblick genießen.

H/B: 12 × 5 m
Farbwirkung: Blüten: Herbst; Blätter: ganzjährig
Gut in Kombination mit: Gelb, Purpur, Rosa, Weiß
Partner: *Anemone × hybrida* 'Honorine Jobert'
Nachfolger: *Clematis tangutica* 'Bill MacKenzie'

Aconitum carmichaelii 'Arendsii'

Das tiefe Violettblau dieses Eisenhutes ist der perfekte Kontrapunkt zu den flammenden Farben des Frühherbstes. Die helmförmigen Einzelblüten verschwimmen in der Entfernung, aber der hohe Blütenstand bringt Orange und Rot zum Leuchten. Etwas später im Jahr stehen die kräftig gelben, tief eingeschnittenen Blätter in gutem Kontrast zu verdorrten Gräsern und Rottönen. Eisenhut wächst in voller Sonne bis lichtem Schatten auf humosem Boden und sieht gut mitten im Beet oder als Nachfolger von *Helleborus* oder anderen Waldrandpflanzen aus. Eisenhut ist überaus giftig: Tragen Sie Handschuhe bei der Arbeit.

H/B: 120 × 50 cm
Farbwirkung: Blüten: Herbst; Blätter: Frühling bis Herbst
Gut in Kombination mit: Gelb, Rot, Orangebraun, Hellgelb
Partner: *Imperata cylindrica* 'Red Baron'
Nachfolger: *Viburnum opulus* (als Hintergrund)

Sedum 'Cauli'

Die meisten Fetthennen bereichern den Garten das ganze Jahr mit schönen Knospen, Blüten, Blättern, Blütenständen oder Trieben. Die Sorten von *S. spectabile* haben größere Dolden, während *S. telephium* kleine Blütenbüschel bildet. S. 'Red Cauli' bietet etwas Besonderes: Blätter in wechselnden Tönen von Purpur, Blau und Mittelgrün an dunkelpurpurnen Stängeln. Das subtile Farbenspiel macht die Staude zusammen mit den dunklen, rosaroten Blütendolden auf dem kompakten Blattpolster unwiderstehlich. Sie liebt volle Sonne auf mäßig nährstoffreichem Boden. Bei übermäßig Dünger und Wasser schießt sie, kippt und die Blüten verlieren ihre intensive Farbe. Rückschnitt im Spätfrühling um die Hälfte verzögert den Blühbeginn und erhöht die Blütenzahl.

H/B: 45 × 45 cm
Farbwirkung: Blüten: Sommer bis Herbst; Blätter: Frühling bis Herbst
Gut in Kombination mit: Silber, Violett, Grün, Graublau, Purpur
Partner: *Aster* 'Purple Dome'
Nachfolger: *Pennisetum villosum*

Rudbeckia fulgida var. *sullivantii* 'Goldsturm'

Die Anhänger des New German Garden Style liebten den Sonnenhut, der vom Sommer bis zum Herbst blüht. Er ist noch immer großartig. Ohne das dunkle Zentrum wirkte die Fülle der gelben Blütenkörbchen wahrscheinlich aufdringlich, brächen nicht die dunklen Tupfer die intensive Farbfläche. Als Pflanze der amerikanischen Prärien wirkt *Rudbeckia* zwischen Gräsern vollkommen natürlich; vielleicht haben wir uns aber auch an diese gängige Paarung gewöhnt. Pflanzen Sie *Rudbeckia* in Massen und gleichen Sie die blockhafte Wuchsform durch feingliedrige Pflanzen und violette Tönen aus. Ideal sind ein sonniger Standort und durchlässiger, frischer Boden; nach Bedarf im Frühling teilen.

H/B: 70 × 70 cm
Farbwirkung: Blüten: Sommer bis Herbst; Blätter: Frühling bis Herbst
Gut in Kombination mit: Violett, Grün, Orange, Orangebraun
Partner: *Stipa gigantea*
Nachfolger: *Leucojum vernum*

Anemone hupehensis var. *japonica* 'Pamina'

Anemonen blühen in nahezu allen Jahreszeiten, im Spätsommer die Japanischen Anemonen. *A. hupenhensis* wartet den ganzen Sommer über, bis sie ihre dicht an dicht stehenden, rosaroten, gefüllten Blüten auf gertenschlanken Stielen präsentiert. In der Natur wächst sie auf frischen Böden am Waldrand, toleriert im Garten aber volle Sonne bis lichten Schatten. Im Sommer ist das unaufdringliche Blattpolster ein guter Bodendecker; Stützen ist nicht erforderlich. Teilen Sie die Staude im Frühling. *A. hybrida* 'Honorine Jobert' ist vielleicht sogar noch empfehlenswerter. Sie hat strahlend weiße Blüten, die wunderbar vor dunklem Laub oder einem Waldbeet aussehen.

H/B: 70 × 45 cm
Farbwirkung: Blüten: Sommer bis Herbst; Blätter: Frühling bis Herbst
Gut in Kombination mit: Violett, Grün, Orange, Orangebraun
Partner: *Aster × frikartii* 'Mönch'
Nachfolger: *Allium neapolitanum* (= *A. cowanii*)

Tritonia disticha subsp. *rubrolucens*

Hellrosa ist eine typische Farbe des Frühsommers, doch *Tritonia* verlagert das Wohlfühlpastell in den Herbst. Die Knollenpflanze (früher *Crocosmia* zugeordnet) bildet einen luftigen Horst aus zierlichen Blättern und schlanken Blütenstielen – aus der Ferne scheinen die Blüten in der Luft zu schweben. Die Blüten sind zartrosarot, mit dunkleren Adern und einem kleinen gelben Fleck. Obwohl sie wie eine zerbrechliche Wildblume wirkt, bildet sie im Laufe mehrerer Jahre einen ansehnlichen Horst. Nach vergeblichen Versuchen reichere ich den Boden jetzt mit organischem Material für eine gute Nährstoffversorgung und feinem Kies als Dränage an. Das ist wichtig für den Winter, sonst kann sie faulen.

H/B: 60 × 40 cm
Farbwirkung: Blüten: Sommer bis Herbst; Blätter: Frühling bis Herbst
Gut in Kombination mit: Violett, Grün, Graublau, Hellblau
Partner: *Artemisia* 'Powis Castle'
Nachfolger: *Tulipa clusiana*

Kniphofia 'Creamsicle'

Zu den früh bzw. spät blühenden Fackellilien – manche Sorten auch mit gelegentlicher Nachblüte – kommt nun aus amerikanischer Zucht *K.* 'Creamsicle'. Sie blüht vom Sommer bis in den Herbst hinein, hat eine kompakte Wuchsform, schöne Blätter und bildet in ununterbrochener Folge orange bis orangerote Blüten. Pflanzen Sie die Fackellilie zu kriechenden, purpurnen Verbenen in einen Topf mit silbrigem Hintergrund oder als Vermittler zwischen roten und gelben Herbstblüten. Sie braucht durchlässigen Boden in voller Sonne – unbedingt welke Blüten abschneiden.

H/B: 60 × 60 cm
Farbwirkung: Blüten: Sommer bis Herbst; Blätter: fast ganzjährig
Gut in Kombination mit: Purpur, Violett, Graublau, Hellblau, Gelbgrün
Partner: *Verbena* 'Sunvop'
Nachfolger: *Milium effusum* 'Aureum'

Tricyrtis 'Empress'

Aus den schattigen Wäldern Taiwans stammen mehrere Krötenlilien. Angeblich kann man mit dem Duft der Blüten essbare Kröten anlocken – daher der Name. Im Schatten auf humusreichem Boden sieht *T.* 'Empress' großartig aus: Hunderte purpurne Punkte, die aus dem Dunkel leuchten. Unter den richtigen Bedingungen ist sie pflegeleicht und breitet sich zu kompakten Kolonien aus. Die bis zu zwei Monate andauernde Blüte bringt Leben in Waldbeete, nachdem die Frühlings- und Sommerblüher längst verschwunden sind.

H/B: 80 × 60 cm
Farbwirkung: Blüten: Sommer bis Herbst; Blätter: Spätfrühling bis Herbst
Gut in Kombination mit: Weiß, Grün, Purpur, Rosa
Partner: *Anemone hupehensis* var. *japonica* 'Pamina'
Nachfolger: *Anemone nemorosa*

Gladiolus murielae

Diese Gladiole setzt im Herbst mit außergewöhnlichen weißen, purpurn gezeichneten Blüten, die an Origami-Vögel erinnern, einzigartige, lebhafte Akzente. In der Masse wachsen sie zu einer schönen Gruppe zusammen, aber ich bevorzuge wenige Exemplare zwischen niedrigen, nicht zu wüchsigen Stauden. Da ständig neue Knospen aufblühen, zieht sich die Blüte über mehrere Monate hin. Pflanzen Sie die Knollen im Frühling in durchlässigen Boden neben einen vollsonnigen Weg oder ein Fenster, wo Sie den verführerisch schweren Duft genießen können. Am Abend wird der Duft stärker und die Blüten leuchten im Dämmerlicht – die perfekte Wahl für einen Abendgarten.

H/B: 90 × 10 cm
Farbwirkung: Blüten: Herbst; Blätter: Spätfrühling bis Herbst
Gut in Kombination mit: Grün, Purpur, Silber, Blau
Partner: *Succisa pratensis*
Nachfolger: *Allium*-Arten

10 WEITERE PFLANZEN

1. ***Pennisetum setaceum* 'Rubrum'**
2. ***Persicaria amplexicaulis* 'Firetail'**
3. ***Liriope muscari***
4. ***Clerodendrum trichotomum***
5. ***Ceratostigma willmottianum***
6. ***Dianella tasmanica***
7. ***Cyclamen hederifolium***
8. ***Rosa* 'Mortimer Sackler'**
9. ***Ipomoea lobata***
10. ***Vernonia crinita***

Leonotis leonurus

Diese südafrikanische Einjährige ist außergewöhnlich hoch und spektakulär. Die üppige Pflanze wird in der Frühlingsmitte gesät und erreicht 250 cm, bis sie in den ersten Frösten erfriert. Die ersten Blüten zeigen sich im Hochsommer, doch ihre eigentliche Stunde schlägt in der Herbstmitte mit filzigen, dunkelorangefarbenen Blütenköpfchen. Die aufrechte, kräftige Pflanze braucht, außer auf exponierten Standorten, keine Stütze. Sie gehört neben Dahlien und *Canna* in frische, durchlässige Böden bei so viel Sonne wie möglich.

H/B: 250 × 100 cm
Farbwirkung: Blüten: Sommer bis Herbst; Blätter: Sommer bis Herbst
Gut in Kombination mit: Violett, Blau, Rot, Blaugrau, Gelbgrün
Partner: *Arundo donax* var. *versicolor*
Nachfolger: *Erysimum* 'Bowles's Mauve'

VOLLHERBST

Helianthus
'Lemon Queen'

Wenn eine Pflanze den Namen „Sonnenblume" verdient, dann diese amerikanische Staude. Sie braucht fast das ganze Gartenjahr, bis sie ihre endgültige Höhe erreicht hat. Wenn sich dann alle übrigen Pflanzen in den Winter verabschieden, erscheinen ihre großen, hellgelben Blütenkörbchen mit dunklem Zentrum auf 180 cm hohen Stängeln. Die Sonnenblume gehört in den Beethintergrund und kommt auf den meisten Böden zurecht – ich habe sie nahezu überall gepflanzt. Am liebsten mag sie volle Sonne und frische, durchlässige Böden. Gelegentlich blüht sie etwas früher, leuchtet mit ihrer „Sonnenblüte" aber stets sechs bis sieben Wochen lang.

H/B: 220 × 100 cm
Farbwirkung: Blüten: Spätsommer bis Herbst; Blätter: Frühling bis Herbst
Gut in Kombination mit: Violett, Blau, Grün, Gelb, dunklem Purpurbraun
Partner: *Aster novae-angliae* 'Barr's Violet'
Nachfolger: *Narcissus*-Arten um die Basis

Salvia guaranitica
'Purple Majesty'

Die tief samtig violettblauen Blüten dieses Salbeis verschwinden vor dunklem Blatthintergrund und Schatten; erst Gräser in Sepiatönen oder eine orangefarbene Dahlie erwecken sie zum Leben. Das tief stehende, goldene Licht der Herbstsonne verstärkt die Wirkung. *S. guaranitica* ist ein nicht frostharter Strauch (Winterschutz), der seine Blätter im Winter abwirft. Nach Rückschnitt um maximal die Hälfte zeigen sich die Blüten ab dem Hochsommer. Er braucht volle Sonne und nährstoffreichen, durchlässigen Boden; schneiden Sie zur Sicherheit im Spätsommer einige Stecklinge.

H/B: 200 × 150 cm
Farbwirkung: Blüten: Spätsommer bis Herbst; Blätter: Frühling bis Herbst
Gut in Kombination mit: Orange, Orangebraun, Dunkelrosa, Rot, Hellgrün
Partner: *Ipomoea lobata*
Nachfolger: *Iris foetidissima* (ihre orangefarbenen Samen sorgen später im Jahr für einen hübschen Kontrast)

Rosa glauca

Einen Liebling unter den Sommerrosen zu benennen, ist schwierig, aber unter den Herbstblühern ist diese Rose kaum zu schlagen. Die Blüten sind nicht berauschend, die Blätter und Hagebutten dafür aber umso zauberhafter. Im Sommer, im gemischten Beet oder Staudenbeet sind die schönen, bläulichen Blätter mit zartem rotem Rand und die schweren, hängenden Hagebuttenbüschel nur Beiwerk – zum Star werden sie im Herbst. Pflanzen Sie die Rose, die nahezu frei von Krankheiten ist, in die volle Sonne oder lichten Schatten (dort werden die Blätter nicht so blau) in nährstoffreichen Boden. Entfernen Sie nur unschöne und verwachsene Triebe und überlassen Sie den Strauch sich selbst.

H/B: 2 × 1,5 m
Farbwirkung: Blüten: Frühsommer; Blätter: Frühling bis Herbst
Gut in Kombination mit: Orange, Rot, Weiß, Dunkelrosa, Violett
Partner: *Rhus typhina* 'Dissecta'
Nachfolger: *Nonea lutea* (lassen Sie die Selbstaussaat im näheren Umfeld zu)

Lobelia tupa

Diese Art blüht extrem lange und ausdauernd. Ihre Blüte beginnt im Hochsommer und dauert bis in den Frühwinter. Die aufrechten Blütenstängel werden 200 cm und höher; bis mindestens 100 cm Höhe sitzen die alten, welken, darüber die jüngsten Blüten. Diese Lobelie ist nichts für Feige, da sie sehr giftig ist. Außerdem benötigt man mindestens fünf, besser zehn Exemplare für eine wirkungsvolle Gruppe. Dann jedoch bilden die exotischen Blüten einen roten Schirm. Die Gruppe gehört in die Beetmitte, wo hellblaues, hellbraunes oder graues Laub im Hintergrund die Farbe intensiviert. Sie braucht volle Sonne und frischen, durchlässigen Boden.

H/B: 200 × 70 cm
Farbwirkung: Blüten: Sommer bis Herbst; Blätter: Frühling bis Herbst
Gut in Kombination mit: Orange, Violett, Purpur, Gelbgrün, Hellgrün
Partner: *Leonotis leonurus*
Nachfolger: *Allium* (Sorten, deren Blüten im Frühling die sprießenden Lobelien überragen)

Chrysanthemum 'Mary Stoker'

Als achtjähriger Junge liebte ich den Duft und die intensiv samtigen Farben der Chrysanthemen im Folientunnel meiner Mutter. *C.* 'Mary Stoker' duftet wie damals, aber die apricotfarbene (rosaorange) Blüte erinnert mehr an eine Margerite. Die Sorte gehört zu den wenigen Chrysanthemen, die gut im Garten wachsen. Zwei weitere Sorten für das Beet sind *C.* 'Mei-Kyo' (hellrosa) und *C.* 'Robin' (orange); beide wachsen dichter und kompakter. *C.* 'Mary Stoker' wächst offen und locker; jeder Stängel endet in einem Blütenköpfchen, das geradezu nach einer Dekoration aus Raureif ruft.

H/B: 70 × 70 cm
Farbwirkung: Blüten: Sommer bis Herbst; Blätter: Frühling bis Herbst
Gut in Kombination mit: Orange, Violett, Purpur, Gelbgrün, Hellgrün
Partner: *Aster novi-belgii* 'Purple Dome'
Nachfolger: *Ipheion uniflorum* 'Wisley Blue'

Aster amellus 'Veilchenkönigin'

Die prachtvollen blauvioletten Blütenköpfchen sind wahrlich einer Königin würdig. Sie schmückt sich vom Spätsommer bis zum Herbst (etwa vier Monate lang) üppig mit herrlichen Blüten, die vor dem Hintergrund gelber Herbstblätter besonders spektakulär aussehen. Wie andere Sorten von *A. amellus* ist sie mehltauresistent und behält ihre Form auch bei Regen, Wind und Raureif. Gräser und gelbe Korbblüter intensivieren die Farbe. Teilen Sie die Staude alle paar Jahre, damit sie jung bleibt und die Mitte nicht verkahlt. Sie liebt volle Sonne und frischen, durchlässigen Boden.

H/B: 50 × 60 cm
Farbwirkung: Blüten: Spätsommer bis Herbst; Blätter: Frühling bis Herbst
Gut in Kombination mit: Orange, Gelb, Rot, Purpur, Weiß, Grün, Silber
Partner: *Kniphofia* 'Luna'
Nachfolger: *Allium*-Arten

Rudbeckia triloba

Aus der Masse herbstlicher gelber Korbblütler sticht diese Art mit den kleinen, rundlichen Randblüten und dem kuppelförmigen, dunkelbraunen Zentrum heraus. Die Blütenkörbchen sitzen im oberen Abschnitt der aufrecht wachsenden Staude; sie ist kurzlebig und muss alle paar Jahre ausgetauscht werden. Sammeln Sie im Herbst die Samen; dann trocknen und im nächsten Frühling wieder aussäen. *Rudbeckia* ist eine Art der amerikanischen Prärie, die gut neben Gräsern oder zarten Stauden aussieht und vom Spätsommer bis zum Winterbeginn unermüdlich blüht.

H/B: 100 × 60 cm
Farbwirkung: Blüten: Sommer bis Spätherbst; Blätter: Frühling bis Herbst
Gut in Kombination mit: Orange, Violett, Purpur, Rot, Hellgrün
Partner: *Panicum virgatum* 'Heavy Metal'
Nachfolger: *Smyrnium perfoliatum*

Nerine bowdenii

In den Gärten der Welt wird neben *Gladiolus* und *Amaryllis* eine Fülle südafrikanischer Zwiebel- und Knollenpflanzen kultiviert, doch nur wenige sind so elegant wie die zierliche *Nerine*. Trotz aller Sorten im zartesten Rosa über Pfirsichfarben bis hin zum dunkelsten Rosa ist für mich die wilde Art immer noch unschlagbar. Im Herbst sind ihre neonrosa Blüten für vier bis sechs Wochen konkurrenzlos umwerfend. *Nerine* braucht durchlässigen, sandigen Boden; die Knollen sollten ähnlich wie bei einer Bartiris knapp aus dem Boden schauen. Teilen Sie die Staude nicht zu oft; sie blüht besser, wenn sich die Knollen gegenseitig bedrängen.

H/B: 60 × 10 cm
Farbwirkung: Blüten: Herbst; Blätter: Frühling bis Herbst
Gut in Kombination mit: Orange, Violett, Purpur, Hellgrün, Dunkelrosa, Hellviolett
Partner: *Aster amellus* 'Veilchenkönigin'
Nachfolger: *Iris germanica*

Hesperantha coccinea 'Major'

Der Herbst beschwört Bilder von feurigem Rot, Orange und Gelb herauf. Dabei handelt es sich meist um Herbstlaub, das in der Tat aber eher matt aussieht. Im Gegensatz dazu sind die Blüten von *Hesperantha* sehr rot und glänzend. Im Laufe der Jahre habe ich mehrere Sorten ausprobiert, griff aber immer wieder auf *H. coccinea* 'Major' zurück. Sie blüht vom Sommer bis zum Spätherbst und überrascht auch zu anderen Zeiten mit Blütentrieben. Die nahezu immergrüne Staude braucht feuchte Böden, die im Winter nicht staunass sind – gut mulchen. Stützen Sie kipplige Blütenstängel im Spätfrühling mit Reisig.

H/B: 60 × 60 cm
Farbwirkung: Blüten: Sommer bis Spätherbst; Blätter: nahezu ganzjährig
Gut in Kombination mit: Violett, Blau, Orange, Hellgrün, Hellblau, Blau
Partner: *Hosta sieboldiana* var. *elegans*
Nachfolger: *Leucojum vernum*

Miscanthus sinensis 'Ghana'

Im Laufe der Jahre habe ich mit zahlreichen Chinaschilf-Arten und -sorten experimentiert: Das hohe *M. sacchariflorus* eignet sich mit seinen großen Blättern perfekt als temporäre Hecke; *M. gracilis* setzt mit elegant überhängenden Horsten dramatische Akzente in Rabatten, während *M. sinensis* 'Ghana' unschlagbar bei den Herbstfarben ist. Bis auf sechs Wochen nach dem Rückschnitt im Frühling sind alle *Miscanthus*-Arten ganzjährig präsent. Die Rispen erscheinen im Hoch- bis Spätsommer und bilden über dem Herbstlaub eine sehenswerte Schicht. Die schönsten Herbstfarben – Orange- und Rostrot – zeigen sich in voller Sonne auf frischen, durchlässigen Böden. *Panicum virgatum* 'Squaw' ist eine niedrigere Alternative mit flammenden Herbstfarben.

H/B: 180 × 100 cm
Farbwirkung: Blüten: Hochsommer bis Frühling; Blätter: nahezu ganzjährig
Gut in Kombination mit: Purpur, Violett, Graublau, Weiß, dunklem Purpurbraun
Partner: *Hosta sieboldiana*
Nachfolger: *Fritillaria imperialis* (als Partner zum sprießenden Laub des Grases)

10 WEITERE PFLANZEN

1. ***Lespedeza thunbergii***
2. ***Plectranthus argentea***
3. ***Hydrangea paniculata***
4. ***Begonia* 'Benitochiba'**
5. ***Aster lateriflorus* var. *horizontalis***
6. ***Dahlia* spp.**
7. ***Canna* spp.**
8. ***Verbena bonariensis***
9. ***Lepechinia salviae***
10. ***Acer-palmatum*-Kultivare**

Crocus speciosus

Krokusse sind nicht ausschließlich Frühlingsboten, sondern viele wie *C. speciosus* und *C. sativa* (Safran-Krokus) nutzen die letzten Sonnenstrahlen des Herbstes. Die Blüten erscheinen lange vor den Blättern – elegante Kelche in hellem Violettblau mit dunklen Adern. Sie dürfen zwar in einer Wiese verwildern, doch die Blüten halten länger an einem geschützten Ort ohne starke Winde und Regen; wichtig ist ein durchlässiger Boden. Krokusse lieben volle Sonne bis lichten Schatten und sandige, leichte Böden. Im Nussgarten von Sissinghurst Castle sehen sie zwischen vergehenden Farnen beinahe magisch aus.

H/B: 15–20 × 6 cm
Farbwirkung: Blüten: Spätherbst; Blätter: Winter bis Frühling
Gut in Kombination mit: Hellrosa, Orange, Hellgrün, Purpur, Gelb
Partner: *Lavandula* 'Hidcote'
Nachfolger: *Crocus tommasinianus*

SPÄTHERBST

Sternbergia lutea

Im Unterschied zu den Herbstkrokussen erscheinen bei *Sternbergia* die dunkelgrünen, bandförmigen Blätter schon kurz vor den kräftig gelben Blüten. Damit geben sie dem Beetvordergrund Gewicht und Präsenz, vor allem vor einem Hintergrund aus glänzendem Herbstlaub. Am schönsten erscheinen sie mir vor *Euonymus alatus*, dessen rote Blätter hinter ihren Blättern und Blüten durchscheinen. *Sternbergia* blüht drei bis vier Wochen, wenn sie vor Schneckenfraß geschützt wird. Sie wächst in der Sonne auf durchlässigem Boden; neue Zwiebeln werden im Spätsommer gesteckt und falls nötig im Frühling geteilt.

H/B: 15–20 × 6 cm
Farbwirkung: Blüten: Spätherbst; Blätter: Winter bis Frühling
Gut in Kombination mit: Rot, Orange, Orangebraun, Violett
Partner: *Euonymus alatus*
Nachfolger: *Crocus tommasinianus*

Malus × robusta 'Red Sentinel'

Im Spätherbst versinkt dieser kleine, aufrechte Baum unter intensiv roten, runden Früchten, die bis zur Wintermitte und darüber hinaus wie Kirschen an zarten graubraunen Stielen hängen. Der Baum beginnt das Gartenjahr mit typischen weißen, rosa angehauchten Apfelblüten; Bienen lieben diese und bestäuben damit andere Apfelbäume. Die Früchte erscheinen im Sommer, werden aber erst im Herbst glänzend rot. Falls Sie nicht nur an der Optik interessiert sind, pflücken Sie einige für ein Apfelgelee. Pflanzen Sie den Baum in voller Sonne; er wächst auf den meisten Böden, am besten aber auf nährstoffreichem, durchlässigem. Stützen Sie den Jungbaum auf der Windseite mit einem Pfahl.

H/B: 6 × 5 m
Farbwirkung: Blüten: Frühling; Blätter: Frühling bis Herbst
Gut in Kombination mit: Weiß, Dunkelgrün, Orange, Purpur
Partner: *Clematis cirrhosa* 'Wisley Cream'
Nachfolger: *Narcissus poeticus* var. *recurvus*

Saxifraga
'Wada'

Zwischen den kräftigen Farben des Herbstes wirken die unaufdringlich weißen Blütensterne dieses Steinbrechs regelrecht erholsam. Bei näherer Betrachtung erkennt man die unterschiedlich großen oberen und unteren Kronblätter der Blüten, die über dem Blattpolster zu schweben scheinen. Die Wuchsform erinnert an eine *Heuchera*; S. 'Wada' hat aber aufregendere Blüten und stellt höhere Ansprüche. Sie wächst zwar auch im vollen Schatten, kommt aber am besten im Baumschatten zurecht, wo ab und zu ein Lichtstrahl die Blüten erhellt. Der Boden sollte humos und frisch, aber sandig genug sein, um Winternässe zu verhindern. Die ebenso wertvolle S. 'Black Ruby' hat tiefpurpurne Blätter und dunkelrosa Blüten.

H/B: 40 × 40 cm
Farbwirkung: Blüten: Herbst; Blätter: nahezu ganzjährig (halbimmergrün)
Gut in Kombination mit: Violett, Rot, Purpur, Orangebraun, Weiß
Partner: *Crocus speciosus*
Nachfolger: *Galanthus elwesii var. monostictus*

Calluna vulgaris
'Wickwar Flame'

Im Sommer fallen die hellen, purpurrosa Blüten und goldgelben Blätter kaum auf, doch im Herbst zeigt sich die Besenheide mit goldenen bis glänzend kupfer- oder orangefarbenen Blättern, die ihre Farbe bis zum Frühling behalten. Sie kommen vor silbernen oder braungelben Blättern optimal zur Geltung – auch im Kübel vor herbstlichem Blau wie bei Aster 'Little Carlow'. Der Nachteil? Da sie nur auf sauren Böden wächst, muss der Boden bei Bedarf entsprechend verändert oder auf Topfkultur in Heideerde umgestellt werden. Die südafrikanische *Erica gracilis* ist nicht frosthart, aber die großen, dunkelrosaroten Blüten machen sie im Herbst zu einer unwiderstehlichen Topfpflanze.

H/B: 30 × 40 cm
Farbwirkung: Blüten: Sommer bis Herbst; Blätter: ganzjährig
Gut in Kombination mit: Rot, Orange, Violett, Blau
Partner: *Artemisia schmidtiana* 'Nana'
Nachfolger: *Iris* 'George'

Salvia longistyla

Dieser Salbei braucht den ganzen Sommer und große Teile des Herbstes, bis er seine endgültige Höhe von 250 cm erreicht hat, aber das Warten lohnt sich. Pflanzen Sie den Riesen in volle Sonne und nährstoffreichen Boden in den Beethintergrund; die rauen Blätter setzen früher blühende Stauden gut ins Bild. Von Herbstmitte bis -ende sehen die schmalen, roten Röhrenblüten großartig in der goldenen Sonne vor blauem Himmel aus. *S. longistyla* braucht keine Stütze, kann aber gestutzt werden, wenn sie andere Pflanzen beschattet. *Canna* und Dahlien mit kräftigen Farben sind gute Partner.

H/B: 250 × 100 cm
Farbwirkung: Blüten: Herbst; Blätter: Frühling bis Herbst
Gut in Kombination mit: Orange, Violett, Blau, Purpur, Grün
Partner: *Canna* 'Musifolia'
Nachfolger: *Allium hollandicum* 'Purple Sensation'

Fothergilla major

Für mich ist dies der Strauch mit dem besten Herbstlaub. Er sieht zwar den Rest des Jahres nicht besonders spannend aus – weiße „Flaschenbürstenblüten" im Frühling und mittelgrüne, krause Blätter –, aber für drei Wochen im Herbst ist er atemberaubend. Angeblich wird er 2 m und höher, aber ich kenne ihn nur als etwa 1,5 m hohen Strauch. Damit ist er ideal für die Beetmitte oder den Rand eines Waldbeets. Er wächst zwar auch im Baumschatten, doch nur die volle Sonne garantiert das breite Spektrum an Herbstfarben von Orange und Gelb über Purpur bis Rot. Leider ist er auf sauren Boden angewiesen, toleriert aber auch neutrale, angesäuerte Böden.

H/B: 1,5 × 1,2 m
Farbwirkung: Blüten: Frühling; Blätter: Frühling bis Herbst (großartige Herbstfarben)
Gut in Kombination mit: Violett, Blau, Purpur, Grün
Partner: *Camellia* × *vernalis* 'Yuletide' (säureliebende Hintergrundpflanze)
Nachfolger: *Camellia* × *vernalis* 'Yuletide' (blüht nach dem Blattfall von *Fothergilla*)

Fuchsia magellanica

Diese frostharte Fuchsie sieht im Spätherbst, nach einer sechsmonatigen Blühperiode, immer noch gut aus. Ihre blauvioletten und purpurnen Blüten passen gut zu kräftigen Herbstfarben. Wer sanftere Farben mag, sollte sich für eine der ebenfalls lange blühenden Verwandten entscheiden. Die sehr hellrosa *F. magellanica* var. *molinae* und die weiße *F.* 'Hawkshead' mit etwa der gleichen Blütezeit bilden einen zarten Kontrast zu kräftigen Herbstfarben. Alle Fuchsien werden mit den Jahren drahtig und verlieren die Form. Ein kräftiger Rückschnitt auf 15 cm über dem Boden erhält die rundliche Form mit gleichmäßigen Blüten; sie wächst in voller Sonne bis Halbschatten auf den meisten Böden.

H/B: 2 × 2 m
Farbwirkung: Blüten: Sommer bis Spätherbst; Blätter: Frühling bis Herbst
Gut in Kombination mit: Violett, Purpur, Grün, Weiß, Dunkelrosa
Partner: *Hydrangea macrophylla* 'Hot Red Violet'
Nachfolger: *Tulipa* 'Burgundy'

Mahonia nitens 'Cabaret'

Auch wenn Mahonien gerne auf den Grünstreifen von Parkplätzen gepflanzt werden, ist diese neue Sorte definitiv eine Gartenpflanze. Im Spätsommer zeigen sich orangerote Knospen in schmalen Blütentrauben und später helle, orangegelbe Blüten, die bis in den Winter halten. Die Blüten ziehen nicht nur späte Insekten an, sondern verwandeln sich auch in attraktive, bläuliche, traubenähnliche Früchte. Ein weiteres Alleinstellungsmerkmal ist die kompakte, kugelige Wuchsform – nur 100 cm Durchmesser nach mehreren Jahren. Die Sorte ist noch zu neu für längerfristige Aussagen, aber den ersten Winter hat sie bei mir bestens überstanden. Sie wächst auf den meisten Böden und blüht am besten in voller Sonne; kein Schnitt erforderlich.

H/B: 100 × 100 cm
Farbwirkung: Blüten: Winter; Blätter: ganzjährig
Gut in Kombination mit: Rot, Orangebraun, Violett, Hellgrün, Gelbgrün
Partner: *Miscanthus* 'Ghana'
Nachfolger: *Tulipa* 'Red Power'

Callicarpa bodinieri var. *giraldii* 'Profusion'

Dieser Strauch verdient wegen der Früchte, die lange ihre Farbe behalten, einen Platz im Herbstgarten. Wenn sich die Blätter gelb färben, erscheinen die violetten Früchte in Büscheln, die nach dem Laubfall im Spätherbst zum Blickpunkt werden. Sie brauchen Licht und einen Hintergrund aus silbrigen oder kontrastierenden orangefarbenen Blättern, um kräftig zu leuchten. Die Sträucher werden bis zu 3 m hoch. Pflanzen Sie möglichst mehrere Exemplare, um die Bestäubung und damit viele Früchte sicherzustellen. Ideal ist ein Standort in voller Sonne am Wegrand, um die Früchte aus der Nähe bewundern zu können. Der Strauch wächst auf den meisten Böden.

H/B: 3 × 2 m
Farbwirkung: Blüten: Sommer; Blätter: Frühling bis Herbst
Gut in Kombination mit: Gelb, Orange, Orangebraun, Rot, Hellgrün, Grau
Partner: *Thuja occidentalis* 'Rheingold'
Nachfolger: *Luzula sylvatica* 'Aurea'

10 WEITERE PFLANZEN

1. *Nemesia denticulata* 'Confetti'
2. *Rosa* 'Schneeflocke'
3. *Rosa* 'Ballerina'
4. *Rosa* × *odorata* 'Bengal Crimson'
5. *Hydrangea macrophylla* 'Ayesha'
6. *Fuchsia* × *bacillaris*
7. *Amaryllis belladonna*
8. *Aster* 'White Climax'
9. *Salvia leucantha*
10. *Chrysanthemum* spp.

TÖPFE & KÜBEL

FARBE *für* KÜBEL *und* TÖPFE

Kübelpflanzen eröffnen im 365-Tage-Garten ein breites Spektrum an Möglichkeiten. Mit einem guten Vorrat an Töpfen und anderen Pflanzgefäßen als jederzeit nutzbare Minigärten setzen Sie gezielte farbige Akzente. Töpfe am Haus oder neben Sitzplätzen rücken die farbigen Pflanzen in direkte Nähe zum Betrachter.

Pflanzgefäße sind an jeder Stelle des Gartens sinnvoll: größere Gefäße leiten als Blickpunkte durch den Garten, betonen Eingänge oder laden zum Verweilen ein. Der vielleicht größte Vorteil besteht aber darin, dass Sie im Topf ein Milieu schaffen können, das der Garten nicht bieten kann. Kamelien und andere säureliebende Pflanzen, die keine neutralen oder Kalkböden tolerieren, wachsen problemlos in einem Topf mit Heideerde, während grobes, sehr durchlässiges Substrat zum Topfbiotop für Alpenpflanzen wird. Sogar Wasserpflanzen sind nicht auf einen Teich angewiesen, sondern wachsen bestens im wasserdichten Topf. Schließlich kann eine Topfpflanze immer dann ins Zentrum des Interesses rücken, wenn sie sich in Topform präsentiert; danach verschwindet sie wieder im Hintergrund. Außerdem lassen sich kurzlebige Pflanzen wie herbstliche Topfchrysanthemen oder Sommerblumen in Töpfen im Blickfeld platzieren.

Topfpflanzen präsentieren sich auf einer höheren Ebene. Damit sind sie besser zugänglich und leichter zu pflegen als im ebenerdigen Beet. Die gute Erreichbarkeit von allen Seiten bedeutet, dass pro Fläche mehr Pflanzen wachsen können als im Beet. Sie lassen sich besser schneiden, stützen und in Form bringen, sodass sie sich nicht gegenseitig bedrängen. Die gute Zugänglichkeit ist ein großer Vorteil der Topfkultur. Zwiebeln und Knollen in verschiedenen Ebenen und der Austausch von verblühten gegen blühende Exemplare verlängern das Farbenspiel. Der mobile Topfgarten ermöglicht eine dynamische Bepflanzung, die in jeder Saison mit neuen Farben überrascht.

DIE GRUNDLAGEN

✻ Kaufen Sie möglichst nur dickwandige, frostfeste Töpfe. Das ist zwar auch keine Garantie, dass sie jeden Winter unbeschadet überstehen, sie dürften frostige Nächte aber eher überstehen als preiswerte Töpfe und Gefäße, was dann im Endeffekt auch preiswerter ist.

✻ Stellen Sie Pflanzgefäße auf Füßchen, um winterliche Staunässe zu verhindern und die Luftzirkulation zu verbessern.

✻ Kleiden Sie die Töpfe mit Noppenfolie aus, lassen Sie dabei aber den Boden frei. Die Folie dehnt sich in beschränktem Maße aus, falls das Substrat im Winter gefriert.

✻ Vermeiden Sie Gefäße, die sich oben verengen. Eine etablierte Pflanze lässt sich daraus nur schwer aus- und umtopfen.

✻ Natürlich ist die Auswahl eine Frage des Geschmacks, aber ich bevorzuge einfache Töpfe, die nicht von den Pflanzen ablenken.

✻ Eine gewisse Formenvielfalt lockert auf, aber für eine Gruppe wähle ich Töpfe in derselben Farbe. Die Farbe vereinheitlicht und verhindert, dass die Töpfe zum Blickpunkt werden.

✻ Besorgen Sie sich eine klappbare Sackkarre. Selbst ein einfaches Modell entlastet Ihren Rücken dabei, Töpfe in und aus dem Blickpunkt zu rücken.

✻ Dauerhaft bepflanzte Töpfe sind auf gute Dränage angewiesen. Tonscherben, mit der Wölbung nach oben übereinandergelegt, eignen sich gut, während flache Scherben die Dränage sogar verschlechtern können. Auch Styroporstücke sind eine gute Wahl und reduzieren das Gewicht.

✻ Mischen Sie dem Substrat einen Langzeitdünger bei, denn die Nährstoffe in den meisten Substraten reichen selten länger als sechs Wochen aus. Andernfalls müssen Sie monatelang Flüssigdünger geben.

✻ Kleine Töpfe sehen hübsch aus, machen aber beim Gießen mehr Arbeit.

✻ Ein Untersetzer erleichtert das Gießen, solange das Substrat nicht staunass wird.

✻ Wenn Sie das Substrat regelmäßig durchdringend und nicht nur in den obersten paar Zentimetern gießen, vermeiden Sie das Problem mit oberflächennahen Wurzeln.

✻ Informieren Sie sich über die verwendeten Pflanzen und beobachten Sie die Töpfe sorgfältig, damit Sie wissen, wann Sie gießen müssen.

✻ Feuchte oder nasse Oberflächen allein sagen nichts über den Wassergehalt aus, da Töpfe und Gefäße oft von unten nach oben austrocknen.

LEUCHTEND BUNTE TÖPFE

Drei Vorschläge für Sommertöpfe

Hochgezüchtete, einjährige Sommerblumen stammen häufig aus warmen Klimazonen und blühen sehr lange. Sie sind ideal, um Töpfe mit sehr langer Blühperiode zu gestalten. Die folgenden drei Kombinationen sind einfach zu pflanzen und zu pflegen.

- **A** *Pelargonium* 'Surcouf', **B** *Dichondra* 'Silver Falls', **C** *Salvia officinalis* 'Purpurascens', **D** *Plectranthus argentatus* 'Silver Shield', **E** *Calibrachoa* 'Cabaret Purple Glow', **F** *Salvia* 'Wendy's Wish'

- *Fuchsia boliviana, Pennisetum glaucum* 'Purple Majesty', *Verbena* 'Trailing Lanai® Royal Purple', *Elymus magellanicus, Petunia* 'Crazytunia® Red Blues'

- *Scaevola aemula* 'New Wonder®', *Solanum rantonnetii, Sanvitalia* 'Golden Aztec', *Zinnia* 'Profusion Orange'

Farbe das ganze Jahr hindurch

Einen Topf zusammenzustellen, der ganzjährig attraktive Farben zeigt, ist eine Herausforderung – aber möglich, wenn Sie Schlüsselarten pflanzen, die für ihre lange Blühperiode bekannt sind (siehe S. 118 ff.). Legen Sie den Boden eines 80-Liter-Topfs (oder größer) mit Scherben oder Styropor aus und kleiden Sie seine Wände (nicht den Boden) mit Noppenfolie aus. Mischen Sie anschließend Langzeitdünger und Kokosfasern (für bessere Durchlüftung) in ein Substrat auf Lehmbasis, füllen Sie damit den Topf und bepflanzen Sie diesen. Die folgenden drei Vorschläge garantieren ganzjährige Farbe dank bunter Blüten und Blätter.

Drei Bepflanzungen für ganzjährige Farbe

- *Astelia chathamica* 'Silver Spear', *Erysimum* 'Bowles's Mauve', *Nemesia denticulata* 'Confetti', *Tulipa* 'Apricot Parrot', *Muscari comosum* 'Plumosum'
- *Cordyline* 'Cherry Sensation', *Geranium* 'Rozanne', *Salvia × jamensis* 'Hot Lips', *Narcissus* 'Tête-à-Tête', *Muscari comosum* 'Plumosum'
- *Clematis* 'Fleuri', *Hebe* 'Heartbreaker', *Erigeron karvinskianus*, *Muscari comosum* 'Plumosum'

Bidens, *Nemesia* und *Verbena* bilden eine intensiv leuchtende Farbkombination, da sich die Blütenfarben im Farbkreis gegenüberstehen.

Vier Monate andauernde Frühlingszwiebelpracht

Zwiebeln und Knollen, die je nach Ansprüchen etagenweise in Töpfe gepflanzt werden, garantieren eine lange andauernde Frühlingsblüte auf kleinstem Raum. In der Tat verkraften die Pflanzen diese Behandlung über mehrere Jahre erstaunlich gut.

SCHRITT 1

Topf vorbereiten

Decken Sie den Boden mit Scherben und Kies ab und kleiden Sie die Wände des Topfes mit einer Lage Noppenfolie aus (Boden frei lassen). Eine gebogene Scherbe über dem Dränageloch sichert den Wasserabfluss. Stellen Sie den Topf an die geplante Stelle und bepflanzen Sie ihn erst dort; so muss der schwere Topf nicht mehr bewegt werden.

SCHRITT 2

Substrat und Dünger

Tulpen und andere Arten bilden die ersten Wurzeln im Spätherbst sofort nach dem Einpflanzen. Da sie erst vier bis fünf Monate später blühen, sollte das Substrat ausreichend Nährstoffe enthalten. Mischen Sie torffreie Mehrzweckerde und Komposterde (1:1) und geben Sie Langzeitdünger für sechs Monate dazu.

SCHRITT 3

Erste und zweite Ebene

Setzen Sie langstielige, spät blühende Tulpen in die untere Ebene (ca. 20 cm unter der Bodenoberfläche). Geben Sie mindestens 5 cm Substrat darüber. Darauf kommt eine Lage mit mittleren Narzissen oder Tulpen. Füllen Sie wieder Substrat darüber.

SCHRITT 4

Die nächste Ebene

Verteilen Sie die Krokusse etwa 5 cm unter der späteren Oberfläche und füllen Sie Substrat bis einige Zentimeter unter dem Topfrand auf. Drücken Sie das Substrat mit den Fingerspitzen fest; beim Klopfen mit der Handfläche gelangt die Erde nicht zwischen die Zwiebeln.

SCHRITT 5

Gießen und mulchen

Gießen Sie den Topf. Das Wasser dient im Zusammenspiel mit niedrigen Temperaturen als Signal für den Wachstumsbeginn. Verteilen Sie etwas Mulch auf der Oberfläche, damit das Substrat nicht herausspritzt. Halten Sie das Substrat feucht, aber nicht nass, bis die Blüten im Frühling erscheinen.

Weniger ist mehr, wie diese grün-weiße Kombination eindrucksvoll beweist. *Euphorbia* 'Diamond Frost', *Nemisia* und *Chlorophytum* sorgen vom Frühsommer bis spät in den Herbst für Farbe.

Das Geheimnis schön bepflanzter Töpfe und Container liegt in der Kombination der Pflanzen. Sie sollten sich gegenseitig farblich und von der Form ergänzen und betonen. Da sie im Topf dichter gesetzt werden können als im Beet, ist es einfach, schnell einen üppigen Eindruck zu bekommen. Hier sorgen *Petunia, Nemesia, Salvia* und *Cleome* für gut sieben Monate vom Frühsommer bis zum ersten Frost für Farbe und Blütenpracht auf Balkon und Terrasse.

Oben Die Blattfarben sind bei gemischten Töpfen genauso wichtig wie die Blütenfarben. Kleine gelbgrüne Farbtupfer und silberblaue Spritzer geben diesem blau-roten Kübel den letzten Schliff. Sie verhindern auch, dass der Topf zu bunt und dadurch knallig wikt. Hält für sechs bis sieben Monate.

Rechts Sich wiederholende Farben und Formen sorgen in dieser Kombination aus Burgunderrot, Lachs und Silber für Ruhe und Zusammenhalt. *Plectranthus argentatus* bringt die silbrig-grüne Blatttextur, *Verbena* setzt weinrote Farbakzente und die lachsfarbene *Begonia* verbindet beide Farben vortrefflich miteinander. Hält bis sechs Monate und länger.

Ganz rechts Dieser Topf mit harmonischen Lila- und Weißtönen hält bei regelmäßiger Düngung und Bewässerung vom Frühjahr bis zum Herbst.

SCHWIERIGE STANDORTE

Ganzjährig FARBE *für* SCHWIERIGE STANDORTE

In jedem Garten gibt es schwierige Bereiche, wo Mikroklima, Boden oder ältere Pflanzen zur Herausforderung für ganzjährige Farbe werden. Auf den ersten Blick erscheint eine Lösung für solche Problembereiche schwierig, doch gerade dort herrschen gute Bedingungen für interessante, spezialisierte Arten.

Im trockenen Schatten, dem Fluch der meisten Gärtner, wachsen mehrere farbenfrohe Arten, die 365 Tage lang für Aufmerksamkeit sorgen. Das gilt auch für überaus trockene Standorte in der prallen Sonne mit durchlässigen Böden, wo Pflanzen in Myriaden von Farben gedeihen. Die besten Ratschläge erteilt die Natur selbst: im trockenen Schatten unter durstigen Bäumen und Sträuchern mit dichter Krone wachsen Arten, die bestens an Wasser- und Lichtmangel angepasst sind. Sie nutzen mit großen Blättern jeden Lichtstrahl aus, andere wurzeln sehr tief und wieder andere (unter laubabwerfenden Bäumen) wachsen und blühen im Winter und Frühling, bevor das Gehölz wieder belaubt ist. Arten auf heißen, trockenen Standorten überleben mit anderen Anpassungen. Einige schützen die Blattoberflächen mit silbrigem Pulver oder feinen Haaren vor der Sonne, andere legen unterirdische Wasserspeicher an oder senken den Wasserverlust mit winzigen Blättern.

Wir Gärtner können diese natürlichen Anpassungen zu unserem Vorteil nutzen. Wenn wir standortgerechte Arten pflanzen, die an die herrschenden Bedingungen angepasst sind, brauchen wir uns nicht um ihr Überleben zu sorgen. Statt über die Schwierigkeiten mit anspruchsvollen Standorten zu jammern, sollten wir sie als Chance für Pflanzenarten begreifen, die an anderen Stellen niemals wachsen würden.

Geranium × oxonianum blüht sogar im trockenen Schatten – und das viele Monate ohne Unterbrechung.

Sehr trocken und schattig

Im Winter und Frühling, wenn der Boden feuchter ist und die kahlen Gehölze Licht durchlassen, bereitet der Standort kaum Schwierigkeiten. Die eigentliche Herausforderung ist der Sommer, wenn die Blätter Schatten werfen und alle Pflanzen um das Wasser konkurrieren. Eine der wenigen Arten, die auch im Schatten dichter Buchenwälder wachsen, ist *Galium odoratum*. Der Waldmeister schmückt sich von Spätfrühling bis zum Sommer mit Büscheln weißer, süß duftender Blüten. Dass sich der bis zu 30 cm hohe Waldmeister aggressiv ausbreiten kann, ist im trockenen Schatten eher von Vorteil. Er lässt sich im Frühling vor der drei bis vier Monate dauernden Blütezeit leicht teilen und wieder einpflanzen.

Meine drei Favoriten für den trockenen Schatten sind *Geranium*, *Fuchsia* und *Tiarella*. Trotz der unvorteilhaften Bedingungen machen die drei gute Miene zum bösen Spiel und blühen bis zu sechs Monate lang. *Geranium* × *oxonianum* und ihre zahlreichen, hellrosaroten Sorten scheinen die Herausforderungen dieses Standorts zu genießen. In der Frühlingsmitte ist das Polster aus handförmig geteilten Blättern herangewachsen; kurz darauf erscheinen die Blüten 10–20 cm über dem Polster. Bis zum Herbst öffnen sich immer wieder neue Blüten. Regen Sie mit einem Rückschnitt im Hochsommer die Bildung frischer Blätter und Blüten an.

Die sehr blütenreiche, 200 cm und höher wachsende *Fuchsia* 'Riccartonii' bildet von Frühsommer bis Herbst kleine rote und dunkelviolette Blüten. Wie *F. magellanica* var. *molinae* und andere Spezialisten für den trockenen Schatten ist auch dieser Strauch nicht völlig winterhart, in kälteren Regionen ist daher ein Winterschutz erforderlich. Ein idealer Partner für diese Blütenfülle ist *Tiarella* 'Morning Star' mit hellrosa Blüten. Sie blüht außerordentlich lange und profitiert wie alle Schaumblüten von reichlich Gießwasser im ersten Jahr; so bildet sie tief reichende Wurzeln und wird unabhängiger vom Wasserangebot. Ihre Blätter erinnern an Storchschnäbel, sind aber purpurbraun gefleckt und wachsen wie *Heuchera* als dichtes Polster. Weniger spektakulär, aber umso verlässlicher sind die gelb blühenden Mohngewächse *Stylophorum lasiocarpum* (siehe S. 54) und *Chelidonium majus*. Manche Gärtner halten das Schöllkraut für Unkraut, aber ich sehe ihm die freigiebige Selbstaussaat wegen der fröhlichen gelben Sommerblüten nach.

Wenn der Sommer in den Herbst übergeht, wechseln die farbigen Blickpunkte. Die kurzlebigen Blüten von Herbstkrokussen und Herbstzeitlose sind dabei unverzichtbar. Ihre hellrosa und hellblauen Töne geben dem Herbst die fehlende Frische. Die noch vor den Blättern erscheinenden Blüten kommen am besten zur Geltung, wenn sie physisch und farblich von anderen niedrigen Pflanzen unterstützt werden, z. B. *Galium* oder *Polystichum vulgare*. Die deutlich größere *Aster ageratoides* 'Ashvi' spielt in einer anderen Liga. Sie gehört mit *A. divaricatus* zu den wenigen Astern, die im trockenen Schatten wachsen. Sie wird etwa 100 cm hoch und breitet sich langsam aus.

Im Uhrzeigersinn von oben links
Fuchsia 'Riccartonii', Tiarella 'Morning Star', Aster ageratoides 'Ashvi' und Polystichum vulgare gehören zu den wenigen Pflanzen, die auch im trockenen Schatten gedeihen.

Ihre sternförmigen weißen Blüten mit gelbem Zentrum öffnen sich zwischen Hochsommer und den ersten Frösten. Ein weiterer lebhafter Blickpunkt im Herbst sind die rötlich panaschierten Blätter von *Epimedium* × *rubrum*. Die gedrungene Staude ist wintergrün, wobei die Blätter nach und nach intensiver rot werden. Sie bildet einen großartigen Hintergrund für die dunklen, bandförmigen Blätter von *Iris foetidissima*, deren aufgerissene Hülsen mit orangefarbenen Samen den Herbst überstehen.

Der Winter kann im trockenen Schatten mit violetten, rosa- und orangefarbenen Blüten und Früchten erstaunlich farbenfroh ausfallen. Die beständigen, orangefarbenen Früchte von *Pyracantha* 'Orange Glow' retten ihre Herbstfarbe in den Winter hinein. Sie passen gut zum großartigen immergrünen, cremeweiß-grün panaschierten *Rhamnus alaternus* 'Argenteovariegata', der mich im lichten Schatten noch nie enttäuscht hat. Auch der kleinere *Ophiopogon japonicus* 'Variegata' mit immergrünen Blättern mit weißen Längsstreifen sieht stets frisch aus. Mit *Cyclamen coum* (siehe S. 203) als Partner wirkt er besonders spektakulär. In diesem Zusammenhang wäre auch das Immergrün zu nennen. Die kleine, panaschierte *Vinca minor* 'Ralph Shugert' hellt den Schatten mit hellvioletten Blüten auf, während die dunklen, violettrosa Blüten von *V. minor* 'Atropurpurea' eher an den Sommer erinnern. *V. difformis* (siehe S. 212) blüht sogar noch früher; die Blütenknospen öffnen sich ab der Wintermitte. Schließlich ist auch *Crocus tommasinianus* (siehe S. 213), der schon im Winter frühlingsfrische Blüten treibt, einen Versuch wert.

Mit dem nahenden Frühling beginnt der Lebenszyklus der Frühblüher. Zwiebel- und Knollenpflanzen wie Hasenglöckchen oder Schneeglöckchen müssen sich beeilen und Samen bilden, bevor sich das Blätterdach schließt. Die Sorten von *Helleborus* × *hybridus* sind zwar robust und intensiv gefärbt, tolerieren trockenen Schatten aber nur in Maßen. *H. foetidus* und *H. cyclophyllus* kommen meist besser damit zurecht. Beide haben frische, hellgrüne Blüten, die jede andere Farbe in der Nachbarschaft hervorheben.

Der eher unbekannte *Trachystemon orientalis* toleriert trockenen Schatten. Seine exotisch anmutenden Blüten in hellem Blauviolett öffnen sich im Spätwinter. Später sprießen riesige Blätter, die bis zum Sommer ohne Hilfe auskommen; dann muss die Pflanze regelmäßig gegossen werden. Mögliche weitere Alternativen sind Blut-Johannisbeere *(Ribes sanguineum)*, *Euphorbia amygdaloides* var. *robbiae*, *Brunnera macrophylla* 'Jack Frost', *Dicentra spectabilis*, *Eomecon chionantha* und *Pulmonaria*-Arten.

Oben ***Rhamnus alaternus*** **'Argenteovariegata' bringt Leben in den Schatten.**

Ganz oben ***Vinca difformis*** **sorgt mit ihren weißen oder hellblauen Blüten für Licht in dunklen Ecken.**

PFLANZEN FÜR TROCKENEN SCHATTEN

- ***Alchemilla mollis***
- ***Arctostaphylos uva-ursi***
- ***Anemanthele lessoniana***
- ***Melissa officinalis***
- ***Aster divaricatus***
- ***Sarcococca* spp.**
- ***Asarum europaeum***
- ***Pachysandra axillaris* 'Crûg's Cover'**
- ***Viola labradorica***
- ***Bergenia* 'Bressingham Ruby'**
- ***Convallaria majalis***
- ***Muscari* spp.**
- ***Skimmia* × *confusa* 'Kew Green'**
- ***Ruscus aculeatus***

„Im Frühling blühen viele Pflanzen um die Wette, bis sich die Kronen der Bäume schließen und das Licht weniger wird."

Heiß, trocken und durchlässiger Boden

Ein heißes, trockenes Mikroklima tritt – wenig überraschend – häufig zusammen mit einem durchlässigen Boden auf, aber erst wenn noch andere Faktoren wie austrocknende Winde, abgeschlossen Höfe als Wärmespeicher, Sonnenfallen und südexponierte Standorte hinzukommen, werden die Bedingungen extrem. Dann muss man, auch um den Wasserverbrauch zu senken, auf Trockenpflanzen aus Mexiko, der Türkei, Kalifornien und anderen Ländern zurückgreifen. Solche Arten blühen oft über mehrere Jahreszeiten, sodass sich mit diesen südländischen Sonnenliebhabern eine nahezu ganzjährige Farbsinfonie komponieren lässt.

Für den ersten Schwung von Frühlingsblüten im ariden Garten sorgen Zwiebel- und Knollenpflanzen, niedrige Stauden und Halbsträucher. Dazu gehören auch wunderbar verlässliche Kreuzblütler wie die Schleifenblume *(Iberis sempervirens)*. Ihre zierlichen, weißen Blüten überziehen ein niedriges, immergrünes Polster – vom Frühling bis zum Sommer. Ähnlich blühfreudig ist *Aurinia saxatilis* 'Citrina', deren kleine, hellgelbe Blüten wie Wolken über einem silbrigen Blattpolster schweben. Zu beiden passen die zahlreichen purpurn oder violett blühenden *Aubrieta*-Arten, die ihre Blüten bis zum Frühlingsende öffnen. Pflanzen Sie zwischen die frühen Kreuzblütler Zwiebel- und Knollenpflanzen. In der Frühlingsmitte erscheinen die zarthellrosa Blüten von *Allium unifolium* auf kurzen Stängeln und bleiben bis zum Frühsommer. Auch die sehr beliebte *Tulipa sprengeri* fühlt sich in der Hitze wohl. Ihre leuchtend roten Blüten auf 40 cm hohen Stängeln blühen im Spätfrühling und erobern sich (sehr langsam) einen Anteil am Beet. *Ipheion uniflorum* ist schneller; es hat durchscheinende, hellblaue Blütensterne und breitet sich auf trockenem Kiesgrund rasch aus. Mit markanten Arten wie *Euphorbia characias* subsp. *wulfenii* kann man im trockenen Garten nichts falsch machen, während *Echium wildpretii* mit kegelförmigen, mattroten Blütenständen eine echte Herausforderung ist. Es wird ausgesät und blüht im zweiten oder dritten Jahr, sofern der Boden sehr durchlässig ist, die Blattrosetten trocken bleiben und im Winter unter einer Pflanzenglocke vor Frost geschützt werden. Einfach spektakulär.

Wenn der Frühling langsam in den Sommer übergeht, wird die Palette möglicher Farben größer. Unter den vielen silberblättrigen Stauden zeichnet sich vor allem *Zauschneria californica* aus. Im Unterschied zu ihren silbrigen, kräftig gelb blühenden Vettern *Brachyglottis, Santolina*

Von oben links im Uhrzeigersinn ***Echium wildpretii, Zauschneria californica, Eremurus*** **'Cleopatra' und** ***Lotus hirsutus*** **lieben sonnig-heiße Standorte.**

oder *Phlomis* quillt sie vor roten Blüten über. Sie stammt aus dem sonnigen Kalifornien, wo sie auf steinigen Böden wächst.

Iris domestica ist ähnlich spektakulär. Der alltägliche Name täuscht darüber hinweg, dass sie rot gefleckte, dramatisch orangefarbene Blüten auf 80 cm hohen, schlanken Stängeln zu bieten hat. *Eremurus* 'Cleopatra' ist eine ebenfalls orange blühende Pflanze, wenn auch mit zartem Apricotton. Die Steppenkerze stammt aus den Felsengebirgen Zentralasiens. Viele Gärtner haben Probleme mit ihr, aber auf trockenem, sehr wasserdurchlässigem Boden bildet sie im Frühsommer einen 120 cm hohen Blütenstand, der vier Wochen lang blüht. Alle genannten Arten wachsen am ehesten an, wenn Sie auf eine Lage Kies ins Pflanzloch setzen, um winterliche Nässe zu vermeiden.

Lotus hirsutus macht weniger Schwierigkeiten. Die kleine, an pralle Wolken erinnernde Pflanze mit zierlichem, silbernem Laub hat zarte, weiße, kleeartige Blüten, die in langer Folge erscheinen. Im Kies oder zwischen großen Steinen wirkt sie völlig natürlich. Viele im Sommer blühenden Sonnenstauden blühen monatelang, aber *Erodium chrysanthum* (siehe S. 124) schlägt sie alle. Das Storchschnabelgewächs zeigt seine zarthellgelben Blüten bis zu sechs Monate lang. Es scheint die Hitze zu genießen und sät sich in Kies freigiebig aus. Mit Pflanzen für heiße Trockenstandorte ließe sich ein eigenes Buch füllen, erwähnen möchte ich jedoch unbedingt noch *Cerastium:* das Hornkraut hat silbrige Blätter, weiße Blüten und breitet sich kriechend aus. Ein Muss ist auch die hübsche, hellblau blühende *Convolvulus sabatius*, doch der größte Hingucker des Sommers ist *Parahebe perfoliata* mit geneigten Blütenstängeln und stängelumfassenden Blättern wie junger Eukalyp-

Oben von links nach rechts
Convolvulus sabatius, *Sedum* 'Purple Emperor' und *Iris unguicularis* 'Mary Barnard' sorgen im Sommer, Herbst und Winter für Farbe im Garten.

tus. Die erlesene, zierliche Pflanze aus Australien behält ihre hellblaue Blütenpracht mehrere Monate lang und blüht nach Rückschnitt im Herbst ein zweites Mal.

Auch Sorten von *Sedum telephium* blühen bis in den Herbst hinein. Die Trockenpflanze gedeiht gut in der Hitze; Sorten wie 'Purple Emperor' färben sich in der Sonne sogar noch intensiver. Eine weitere Möglichkeit, Sommerblüten in den Herbst zu retten, bietet die allgegenwärtige *Verbena bonariensis*. Sie behält ihre violettrosa Blütenstände auf hohen Stängeln bis zu den ersten Frösten und sät sich für das nächste Jahr auf trockenem Boden und Kies selbst aus. Die verwandte *V.* 'La France' mit hellvioletten Blüten übersteht den Winter dagegen nur an geschützten Stellen auf trockenem Boden.

Die ungewöhnliche, nur 30 cm hohe *Serratula seoanei* mit ähnlichen Qualitäten wie Astern blüht erst im Herbst. Ihre hellrosavioletten Blüten bleiben lange erhalten und ihre zarten Triebe überstehen bei mir sogar den Winter. Wenn im Frühwinter der Frost im ariden Garten zuschlägt, sorgen Blattschmuckpflanzen wie *Yucca gloriosa* 'Variegata', silbernes *Onopordum* und die Rosetten von *Eryngium* weiterhin für Farbe – im Spätwinter folgt die nächste Blüte. *Iris reticulata* und ihre Sorten in hellstem Blau bis zum tiefsten Violett fühlen sich auf durchlässigen Böden wohl und blühen sehr früh etwa drei Wochen lang. *I. unguicularis* 'Mary Barnard' (siehe S. 203) hält länger durch, doch die Beste ist *Scilla* 'Tubergeniana' mit fünf bis sechs Wochen. Da ihre hellblauen Blütenstände nicht wie bei anderen Blausternen auf kurzen Stängeln sitzen, behauptet sie sich, bis die kriechenden Kreuzblütler im zeitigen Frühjahr übernehmen.

PFLANZEN FÜR TROCKENE, HEISSE STANDORTE

- ***Helianthemum* spp.**
- ***Ornithogalum pyrenaicum***
- ***Bupleurum falcatum***
- ***Osteospermum* spp.**
- ***Gaura* spp.**
- ***Gladiolus papilio***
- ***Cistus* spp.**
- ***Convolvulus cneorum***
- ***Crinum* × *powellii***
- ***Glaucium flavum***
- ***Lavandula* spp.**
- ***Phlox douglasii***
- ***Asphodeline lutea***
- ***Linaria purpurea***
- ***Scilla peruviana***
- ***Sedum* spp. (Zwergformen)**
- ***Sempervivum* spp.**
- ***Agapanthus* spp.**
- ***Anaphalis* spp.**
- ***Ballota* spp.**
- ***Cichorium intybus***
- ***Dierama* spp.**
- ***Foeniculum vulgare* × *halimiocistus***
- ***Iris* spp. (Bart-Iris-Sorten)**

Von oben links im Uhrzeigersinn **Rosa 'Danse du Feu', *Hydrangea anomala* subsp. *petiolaris*, *Clematis* 'Henryi' und *Schizophragma hydrangeoides* bringen Farbe an dunkle Mauern und Wände.**

Schattige Mauern

Mauern im Schatten haben einiges mit Wäldern gemeinsam. Pflanzen Sie hier kletternde Waldarten, die gewöhnlich unter Baumkronen wachsen. Arten aus den Wäldern Chinas, Japans, Myanmars und den USA sind gut an Schatten, Trockenheit und andere ungünstige Bedingungen angepasst, die an einer Nordmauer herrschen. Durch die Kombination unterschiedlicher Arten entsteht ein farbiger Wandteppich, wenn – und das ist der eigentliche Trick – sich die Arten nicht gegenseitig verdrängen. Mit passender Kletterhilfe, Schnitt und Erziehung garantieren zwei oder drei Arten eine ganzjährig farbige Mauer. Hölzerne Rankgitter können dabei hilfreich sein und sehen auch einige Jahre gut aus, werden später jedoch durch das Pflanzengewicht oder zu dicke Äste von der Mauer weggezogen. Nach meiner Erfahrung sind Ösenschrauben und Spanndrähte vielseitiger nutzbar und halten länger. Spannen Sie die Drähte im Abstand von 30 cm horizontal entlang der Mauer. Sie eignen sich für viele Kletterpflanzen und lassen sich bei Bedarf nachspannen.

An schattigen Mauern wachsen auch einige ausgewählte Sorten der Gartenklassiker

wie Rosen und Waldreben. Die mehrfach blühende *Rosa* 'Danse du Feu' (rote Blüten) passt gut zur wüchsigen *Clematis* 'Henryi', deren große, weiße Blüten lange halten. Solche Paare sehen zwar sehr gut aus, verschönern aber nur den Sommer. Für länger andauernde Farbe ist die ungewöhnliche *Schisandra rubriflora* ein reines Vergnügen. Sie blüht im Spätfrühling mit kleinen, exotisch wirkenden roten Blüten. Im Hochsommer haben sich daraus elegante Ketten aus cremefarbenen Samen gebildet (rechts). Im weiteren Verlauf färben sich die Samen rot und bleiben bis zum Herbst an der Pflanze. Um eine gute Bestäubung und damit Früchte zu erhalten, müssen Sie männliche und weibliche Exemplare nebeneinander pflanzen. Der Wilde Wein *(Parthenocissus quinquefolia)* kommt prima allein zurecht. Er erobert rasch alle vertikalen Schattenflächen, wobei er sich mit Haftscheiben an seinen Ranken nahezu überall verankert. Die üppigen grünen Blätter färben sich im Herbst in spektakulären Rottönen – ideal sind warme Tage und kühle Nächte.

Im Winter sorgen Waldreben und Efeu für Farben. *Clematis armandii* aus China und Myanmar hat dicke, glänzende, dunkelgrüne Blätter und schmückt sich vom Spätwinter bis zum zeitigen Frühjahr mit zahllosen weißen Blüten. Schneiden Sie gelegentlich abgestorbene Triebe heraus – mehr Pflege ist nicht nötig. *Hedera algeriensis* 'Gloire de Marengo' behält ihre marmorierten Blätter im Winter und bietet längst nicht den traurigen Anblick von *H.* 'Sulphur Heart' und anderen, die im Winter trocken und kränklich aussehen. Auch die wunderbare Weiße Kletter-Hortensie *(Hydrangea anomala* subsp. *petiolaris)* und ihr naher Verwandter *Schizophragma* fühlen sich an Nordwänden wohl. Beide wachsen zunächst langsam, doch sobald ihre Haftwurzeln Halt an der Mauer finden, legen sie zu. Bei den Blüten ist *Schizophragma* der Kletter-Hortensie um einiges überlegen: die weißen Hochblätter der ausladenden Blütenstände scheinen wie Federn zu schweben – beiden Arten lohnen einen Versuch.

Nigella damascena, Allium christophii (oben) und *Clematis tangutica (unten)* setzen Farbakzente in etablierten Gärten.

Alte Gärten

Alte, gut etablierte Gärten, in denen eine Jahreszeit blütenlos bleibt oder die im Juli ein todlangweiliges Beet zeigen, stellen eine besondere Herausforderung dar. Neue Pflanzen lassen sich nur unterbringen, wenn alte herausgerissen oder ausgedünnt werden, um Platz zu schaffen. Es gibt jedoch eine Alternative, und zwar mit Arten, die mit wenig Bodenfläche auskommen und doch Großes leisten. Sie passen in jede Lücke und sind sofort Blickpunkte im Beet.

Eine dieser himmlischen Pflanzen ist die köstlich duftende, im Winter blühende *Daphne bholua* 'Gurkha'. Der schmale Strauch (H/B: 200 × 70 cm) braucht nur wenig Platz, passt gut zwischen vorhandene Pflanzen und wirft dank seiner offenen Wuchsform kaum Schatten. Im Herbst lässt er die Blätter fallen und erfreut im Spätwinter sechs Wochen lang mit weißen Blüten, die sich aus rosa Knospen öffnen. Für diesen Blütenreichtum auf kleinem Raum lohnt sich die Investition. Eine Alternative ist das Chinaschilf *Miscanthus sinensis* 'Ghana'. Seine kerzengeraden Blätter dienen bis zum Herbst als Hintergrund, dann werden die feurig rot und orange gefärbten Blätter selbst zum Hingucker. Die fedrigen Rispen halten den ganzen Winter über. Obwohl es im Beet nur 60 × 60 cm einnimmt, ist die Wirkung des 180 cm hohen Grases enorm.

Auch säulenförmigen Koniferen eignen sich gut. Der graublaue *Juniperus* 'Skyrocket' (H/B: 5 × 0,5 m) kann problemlos ins Beet gepflanzt werden und bietet dort maximale Farbwirkung bei minimalen Folgen für vorhandene Pflanzen. Die beste Wirkung bei geringster Störung erzielen hochstämmige Sträucher und Rosen. Da sie ausgewachsen gepflanzt werden, setzen sie sofort Akzente im Beet. Viele Immergrüne sind als Hochstamm erhältlich. So sorgen goldener oder silberner *Euonymus* oder rotblättrige *Photina* ganzjährig für Farbe, doch die eigentlichen Stars nostalgischer Fülle sind Hochstammrosen. Sie behalten als Halb- (60–70 cm) und Hochstämme (90 cm) jahrein, jahraus Form, Höhe und Blühfreudigkeit, wenn sie richtig geschnitten werden. *Rosa* 'The Fairy' mit kleinen, rosa Blüten im Sommer wird ebenso als Hochstamm angeboten wie die rote *R.* 'Ruby Wedding' oder die zeitlose, weiße *R.* 'Schneewittchen'. Ausgewachsene Bäume und Sträucher eignen sich hervorragend als Unterlage für windende oder rankende Arten, die auf kleiner Grundfläche ihre Kletterhilfen mit Blättern und Blüten überziehen. Die gelb blühende *Clematis tangutica* mit gefiederten Blättern wuchert 6 m oder höher über alte Bäume und hüllt sie von Hochsommer bis Spätherbst in Farbe ein. *C.* × *triternata* 'Rubromarginata' hat ähnlich eingeschnittene Blätter, aber dunkelrosa und weiße Blüten. Mit 3–4 m Höhe ist sie ideal für einen gleich hohen Strauch.

Auch Rosen sind wunderbare Kletterpflanzen. Die ungestüme, purpurrosa Ramblerrose 'American Pillar' braucht größere Bäume als Unterlage. Für zartere Farben sorgt die bis 6 m hohe, weiß blühende Ramblerrose *R. longicuspis*. Einjährige Kletterpflanzen eignen sich sogar noch besser als zusätzliche Farbtupfer. Viele blühen zwischen Hoch- und Spätsommer und geben im Frühling blühenden Sträuchern neues Leben. *Ipomoea* 'Scarlet Rambler', die an einem Bambusstab vorgezogen wurde, überflutet einen 2 × 1 m großen Strauch in einigen Wochen mit üppigen Trieben und roten Blüten. Das gilt auch für den orange blühenden *Eccremocarpus scaber*, eine Staude, die aber meist als Einjährige behandelt wird. Die Anzucht aus Samen ist schwierig, lohnt aber die Mühe.

Auch Arten, die sich selbst aussäen, sowie Knollen- und Zwiebelpflanzen lösen die Probleme alter Gärten. Tulpen und

Rosa 'American Pillar' sorgt in luftiger Höhe für Farbe, da sie schnell in Bäume, über Schuppen oder an einer Pergola emporrankt.

Allium-Arten werden im Herbst zwischen etablierte Stauden gesetzt und liefern im Spätfrühling bei passender Sortenwahl zwei bis drei Monate zusätzliche Farbe. *Allium* 'Purple Sensation' eignet sich hervorragend für diese Aufgabe, doch wer wirklich sensationelle Farbe möchte, sollte die leuchtend gelbe *Tulipa* 'West Point' pflanzen, die selbst dunkle Ecken aufhellt. Im Frühsommer blüht *Nectaroscordum siculum* mit nickenden Blüten in changierenden Tönen, die sich später zu märchenhaften Samenständen entwickeln. Im Hochsommer schlägt die Stunde von *Galtonia candicans* mit riesigen, aber dennoch eleganten, weißen Schneeglöckchenblüten auf 100 cm hohen Stängeln. Zwiebel- und Knollenpflanzen wie Schneeglöckchen, *Eranthis hyemalis* oder die köstliche, blaue *Anemone blanda* werten im Winter selbst langweilige, laubabwerfende Sträucher auf. Einen Versuch lohnen auch preiswerte Arten, die sich selbst aussäen. Streuen Sie die Samen von *Nigella, Myosotis* oder *Eschscholzia* nach dem Schnitt der vorderen Rabattenpflanzen aus. Auch vorgezogene, schmale Arten wie *Digitalis* oder *Verbena bonariensis* wachsen gut in Lücken. Sie blühen im ersten Jahr und bevölkern danach jedes freie Stückchen Erde.

„Kletterpflanzen brauchen nicht viel Platz, können aber eintönige Sträucher mit Blüten überschütten."

Viburnum opulus, *Rosa* 'Fru Dagmar Hastrup', *R.* 'Geranium' und *Fragaria vesca* 'White Soul' haben im Herbst und im Winter attraktiven Fruchtschmuck.

»Der Winter bekommt im Naturgarten mit Beeren- und Fruchtschmuck zusätzliche Farbakzente.«

Naturnahe Bereiche

Naturnahe, wilde Bereiche müssen nicht langweilig aussehen. Es gibt viele Pflanzen, die nach einer Eingewöhnungsphase ohne weitere Pflege viele Monate mit Farben füllen. Einer meiner Favoriten ist der wilde Schneeball *Viburnum opulus*. Auf die dichten Dolden mit weißen Blüten folgen im Spätsommer und Herbst glänzende, rote Früchte; dann färben sich auch die Blätter intensiv orange, rot und gelb. Die Art ist so robust, dass sie gerne an Straßen gepflanzt wird, aber das schmälert ihren Nutzen im Garten nicht. *Euonymus europaeus* 'Red Cascade' mit offener Wuchsform mutet ähnlich an, ohne größere Ansprüche zu stellen. Im Spätsommer hängen orangefarbene Samen in dunkelrosa Kapseln an den Zweigen, im Herbst kommt spektakulär gefärbtes, glänzend rotes und bronzenes Laub hinzu.

Im Winter wird der naturnahe Garten von leuchtend bunten Früchten geprägt, z. B. den Hagebutten von *Rosa* 'Fru Dagmar Hastrup'. Die runden, rötlichen Hagebutten folgen auf süß nach Nelken duftende, rosa Blüten im Sommer. *R.* 'Geranium' wirkt noch zauberhafter mit reinroten, einzelnen Blüten im Sommer und stachligen, flaschenförmigen, orangeroten Hagebutten. Als Partner der intensiv gefärbten Früchte kommt *Rubus cockburnianus* infrage. Wenn diese Art frei wuchern darf, leuchten ihre geisterhaft weißen Triebe an dunklen Wintertagen. Dazu passt die aufrecht wachsende Sorte *R. spectabilis* 'Olympic Double' mit gefüllten, rosa Blüten oder eine robuste Wolfsmilch wie *Euphorbia ceratocarpa* (siehe S. 119).

Während diese größeren Sträucher viel Platz brauchen, gibt es aber auch naturnahe Arten für kleinere Gärten. Die Wald-Erdbeere *Fragaria vesca* 'White Soul' bietet alles, was man sich wünscht: sie hat hübsche weiße Blüten, unterdrückt als Bodendecker Unkräuter und liefert von Spätfrühling bis Herbst köstliche weiße Erdbeeren, an denen Vögel kein Interesse haben. Auch Zwiebelpflanzen wie wilde *Narcissus pseudonarcissus* wachsen zusammen mit Schneeglöckchen, Blauglöckchen und *Eranthis* zwischen allen oben erwähnten Arten. Sie versamen sich und besiedeln naturnahe Bereiche im Laufe der Zeit und innerhalb einiger Jahre von ganz alleine.

WINTER-PFLANZEN

FRÜHWINTER

Brassica oleracea

Kohl ist als farbiges Element nur scheinbar eine Notlösung, denn er hat viel zu bieten. Zierkohl ist wetterfest, farbstabil und kommt mit wenig Pflege aus. Ich pflanze ihn zusammen mit Alpenveilchen und Stiefmütterchen als winterfestes Kübelarrangement. Während diese bei eisiger Kälte auch wieder verschwinden, hält der Kohl durch. Gelegentlich fallen Schnecken oder Tauben über ihn her, ansonsten ist er problemlos. Entfernen Sie die unteren Blätter; sie sterben ab und beginnen fürchterlich zu stinken. Zierkohl wächst in voller Sonne und fast jedem Boden – eine perfekte Topfpflanze.

H/B: 50 × 30 cm
Farbwirkung: Blüten: keine; Blätter: Herbst bis Sommer
Gut in Kombination mit: Rot, Purpur, Blau, Grün, Orange, Violett, Weiß, Rosa
Partner: *Phormium* 'Rainbow Sunshine'
Nachfolger: *Anemone blanda*

Skimmia japonica subsp. *reevesiana*

Im Winter zählen Verlässlichkeit und Widerstandfähigkeit – *Skimmia* zeigt beides. Die erbsengroßen, reinroten Früchte in auffälligen Büscheln behalten auch bei Frost und Schnee ihre Farbe; man könnte sie fast für künstlich halten. Allerdings neigen Skimmien bei Trockenheit oder zu starker Sonnenstrahlung im Sommer zu Chlorosen (gelbe, blasse Blätter), daher pflanze ich sie stets im Kübel. So kann ich sie im Winter in die Sonne stellen – gut für die Früchte – und im Sommer in lichten Schatten. *S. japonica* 'Rubella' ist eine gute Alternative. Ihre im Winter beerenähnlichen Knospen öffnen sich im Frühling.

H/B: 100 × 80 cm
Farbwirkung: Früchte: Herbst bis Frühling; Blätter: ganzjährig
Gut in Kombination mit: Weiß, Hellgrün, Violett, Purpur, Orange
Partner: *Erica* × *darleyensis* 'White Perfection'
Nachfolger: keine; als Kübelpflanze nach dem Winter an unauffällige Stelle rücken

Clematis urophylla 'Winter Beauty'

Zwischen den Früchten und Blättern des winterlichen Gartens überrascht diese Waldrebe mit Blüten. Die cremefarbenen bis weißen, glockenförmigen Blüten mit dicken Kronblättern hängen nickend in Büscheln zwischen glänzenden, immergrünen Blättern. Die Sorte ähnelt *C. armandii*, wuchert aber nicht so stark und stirbt nicht partiell ab. Pflanzen Sie sie neben oder unter ausgewachsene Sträucher mit winterlichem Fruchtschmuck. Die weißen Blüten bringen die Früchte von *Pyracantha* oder *Cotoneaster* zum Leuchten. Die Sorte ist weniger winterhart als andere Waldreben und braucht einen geschützten Platz. Der Boden muss durchlässig sein, am besten humos mit optimaler Dränage. Entfernen Sie unschöne Triebe (Schnittgruppe 1) im Frühling nach der Blüte.

H/B: 200 × 200 cm
Farbwirkung: Blüten: Herbst bis Frühling; Blätter: ganzjährig
Gut in Kombination mit: Blaugrau, Orange, Rot, Purpur
Partner/Nachfolger: *Pyracantha coccinea* 'Red Column'

Beta vulgaris

Warum sollte eine wunderschöne Nutzpflanze nur im Gemüsebeet wachsen und nicht auch dem übrigen Garten Farbe verleihen? Im Winter sticht der herrlich bunte Mangold vor allem bei Gegenlicht jede andere Pflanze aus. Auf leuchtend rubinroten und dunkelorangegelben Blattstielen sitzen runzlige, dunkel glänzende Blätter. Sie sprühen derart von Leben, dass ich sie zwischen Stiefmütterchen pflanze – sie sorgen für Farbe, wenn sich die Stiefmütterchen ausruhen. Säen Sie das Gemüse in der Frühlingsmitte in kleine Torftöpfe, die im Spätfrühling in die volle Sonne gepflanzt werden (fast jeder Boden). Die Farbe hält den ganzen Winter.

H/B: 70 × 40 cm
Farbwirkung: Sommer bis Frühling; Blätter: Sommer bis Frühling
Gut in Kombination mit: Orange, Purpur, Blaugrau, Dunkelgrün, Weiß, Gelb
Partner: *Astelia chathamica*
Nachfolger: *Tulipa tarda*

Pseudowintera colorata

Dieser selten gepflanzte, immergrüne Strauch stammt aus Neuseeland. Er braucht einen Winterschutz, da er im Unterschied zu seinen Vettern *Hebe* und *Phormium* von der Südhalbkugel nur –5 °C verträgt. Pflanzen Sie ihn vor eine schützende Wand oder schützen Sie ihn mit einem Vlies. Der Aufwand lohnt sich allein schon für die bunt gefärbten Blätter: sie erstrahlen hellgelb mit rotem Rand und roten Flecken und zeigen auf der Unterseite ein mattes Blaugrün. Der Strauch braucht für dieses 365-Tage-Farbspektakel Halbschatten und humusreichen, durchlässigen Boden.

H/B: 100 × 150 cm
Farbwirkung: Blüten: Frühling; Blätter: ganzjährig
Gut in Kombination mit: Purpur, Blaugrau, Rot, Orange, Violett
Partner: *Heuchera* 'Ginger Peach'
Nachfolger: *Ajuga reptans* 'Catlin's Giant'

Libertia peregrinans

Die dunkelorangegelb geflammten Blätter dieses robusten Irisgewächses geben weder bei Regen, Schnee noch Hagel nach – sie bleiben aufrecht und strahlend. In Kombination mit den ganzjährig grauen Blättern von *Artemisia* oder den blauen Blättern von *Juniperus squamata* 'Blue Star' kommen sie besonders gut zur Geltung. Die Staude ist vor allem im Winter wertvoll, bildet aber im Frühling auch Büschel weißer Blüten und später orangefarbene Samen, die bis in den Winter stehen bleiben. Sie toleriert die meisten, sogar nährstoffarme Böden, behält ihre Farbe aber am besten auf humosem, durchlässigem Boden. Sie breitet sich zu einem dichten Geflecht aus, ohne außer Kontrolle zu geraten.

H/B: 40 × 60 cm
Farbwirkung: Blüten: Frühling; Blätter: ganzjährig
Gut in Kombination mit: Blaugrau, Violett, Rot, Purpur
Partner: *Juniperus squamata* 'Blue Star'
Nachfolger: *Allium caeruleum*

Fascicularia bicolor

Aus Chile stammen mehrere eigenartige Pflanzen wie Araukarien oder einige äußerst exotisch aussehende Bromelien wie *Fascicularia.* Diese braucht einen sonnigen, geschützten, nährstoffarmen, steinigen Boden mit sehr guter Dränage. Die dicht gedrängten, hellblauen Blüten stehen im Zentrum spektakulärer Rosetten aus tiefroten Blättern – ein Segen mitten im Winter. Pflanzen Sie die Staude auf einen Hang, in den Steingarten oder in eine heiße Ecke. Sie will besucht werden und sollte nicht an prominenter Stelle wachsen, denn nach der Blüte sieht sie alles andere als spannend aus!

H/B: 50 × 70 cm
Farbwirkung: Blüten: Herbst bis Frühling; Blätter: ganzjährig
Gut in Kombination mit: Weiß, Blau, Rot, Purpur, Blaugrau, Grau
Partner: *Zauschneria californica*
Nachfolger: *Cerastium tomentosum*

Camellia × vernalis 'Yuletide'

Ich muss gestehen, dass ich im Frühling blühende Kamelien für reine Platzverschwendung halte, da sie stark unter Regen, Sonne oder Frost leiden. Die im Herbst blühenden Arten, vor allem *C. sasanqua*, sind eine andere Geschichte. Ihre kleinen Blüten erscheinen ab dem Spätherbst für vier Wochen oder länger, noch bevor sie unter richtig schlechtem Wetter leiden könnten. *C.* 'Yuletide' hat für den Winter seltene rote Blüten. Ihre Herkunft ist ungeklärt, sie zeigt aber einige Merkmale von *C. sasanqua*. Der aufrechte, offene Strauch braucht lichten Schatten, sauren Boden oder Heideerde in einem Topf nahe am Haus – ein Genuss im Winter.

H/B: 4,5 × 3 m
Farbwirkung: Blüten: Herbst bis Winter; Blätter: ganzjährig
Gut in Kombination mit: Gelbgrün, Hellgrün, Violett, Weiß, Purpur
Partner/Nachfolger: *Euphorbia robbiae*

Prunus × subhirtella 'Autumnalis Rosea'

Zwischen Frühwinter und zeitigem Frühjahr zeigen sich sporadisch immer wieder zarte hellrosa Blüten. Der Strauch wird gerne auf einen Hochstamm veredelt und wird dann zu einem kleinkronigen Baum. Im Vergleich zu anderen Zierkirschen sind seine Blüten klein, gleichen das jedoch durch Fülle wieder aus. Die Bäumchen wirken sehr hübsch als Paar neben einer Tür oder als Blickpunkte in der gemischten Rabatte, wo ihre Kronen kaum Schatten werfen. Die Blüten kommen am besten im direkten Winterlicht vor dunkelgrünem Hintergrund zur Geltung; Schwebfliegen lieben sie. Der Baum braucht durchlässigen, frischen Boden in voller Sonne.

H/B: 5 × 3,5 m
Farbwirkung: Blüten: Herbst bis Frühling; Blätter: Frühling bis Herbst
Gut in Kombination mit: Grau, Dunkelrosa, Purpur, Hellviolett, Violett, Blaugrau
Partner: *Chamaecyparis pisifera* 'Boulevard'
Nachfolger: *Rosa xanthina* 'Canary Bird'

Hypericum × inodorum 'Kolmapuki'

Zwischen Spätherbst und Frühwinter ist diese Sorte der pure Genuss – wie ein Schoßhündchen hübsch, kompakt und garantiert überzüchtet. Sie geht auf *H. androsaemum* mit ähnlichen Beeren zurück, dessen Blüten ähnlich lange als Schnittblumen halten. Wenn 'Kolmapuki' im Frühling kräftig zurückgeschnitten wird, bleibt der Wuchs kompakt. Die orangeroten Beeren am Ende der gedrungenen, dicht beblätterten Triebe dunkeln nach. Die kugelige Form wirkt im Topf sowie ausgepflanzt im Garten in Sonne bis Halbschatten und auf fast jedem Boden. Die kräftig gelben Blüten erscheinen von Hochsommer bis zum Frühherbst.

H/B: 50 × 50 cm
Farbwirkung: Blüten: Sommer bis Herbst; Blätter: nahezu ganzjährig
Gut in Kombination mit: Violett, Rot, Purpur, Gelbgrün, Blau
Partner: *Uncinia rubra*
Nachfolger: *Narcissus pseudonarcissus*

10 WEITERE PFLANZEN

1. ***Viola × wittrockiana* (Stiefmütterchen)**
2. ***Cyclamen* spp.**
3. ***Leucothoe* 'Scarletta 'Zeblid'**
4. ***Coprosma* 'Pacific Sunset'**
5. ***Cotoneaster lacteus***
6. ***Phyllostachys aureosulcata* f. *aureocaulis***
7. ***Pseudopanax lessonii***
8. ***Gaultheria mucronata***
9. ***Colletia armata* 'Rosea'**
10. ***Choisya ternata* 'Sundance'**

Luzula sylvatica 'Aurea'

Die ganzjährig goldgelbe Hainsimse sieht in einem locker bepflanzten Waldbeet oder am Gehölzrand großartig aus. Ihre schmutzig gelben Horste ziehen die Blicke in dunklere Bereiche, die im Sommer nicht auffallen. Sie wirkt auch am Rand von gemischten Rabatten unter laubabwerfenden Sträuchern gut. Unter kahlen Sträuchern kommt das Gelb noch besser zur Geltung. Ich vermeide hellrosa Nachbarn, aber die warmen Farben von *Cornus* und *Heuchera* sind wunderbare Beetgenossen. Die braunen Blütenstände des Spätfrühlings lenken nicht von den Blättern ab. *Luzula* wächst auf den meisten Böden in vollem bis lichtem Schatten.

H/B: 40 × 40 cm
Farbwirkung: Blüten: Frühling bis Sommer; Blätter: ganzjährig
Gut in Kombination mit: Violett, Orange, Gelbgrün
Partner: *Crocus tommassianum* 'Barrs Purple'
Nachfolger: *Pulmonaria*-Arten

WINTER

Cyclamen coum

Es erscheint wie ein Wunder, wie diese Pflanzen mit den fragil wirkenden Blättern und Blüten dem Winter trotzen. Im Chelsea Physic Garden in London wachsen sie in lockerer Reihe unter einer Hainbuchenhecke. Sie blühen während der blattlosen Zeit der Hecke, bilden Samen und sterben wieder ab – ideale Partner. Wenn man sie in Ruhe lässt, wachsen sie in fast jeder Form von Schatten, wo die Sorten mit silbern marmorierten Blättern dunkle Ecken aufhellen. Ihre Blütenfarben variieren zwischen Weiß und mittlerem Rosa, doch mein Herz gehört den Blüten in dunkelstem Rosa.

H/B: 15 × 20 cm
Farbwirkung: Blüten: Frühling; Blätter: Winter bis Frühling
Gut in Kombination mit: Weiß, Dunkelrosa, Graublau
Partner: *Galanthus*-Arten
Nachfolger: *Mirabilis jalapa* (zu Füßen einer Hecke oder Ähnlichem)

Iris unguicularis

Die Pflanze sieht zehn Monate lang langweilig aus – ehrlich gesagt, sogar äußerst langweilig. Dafür ist sie für zwei Monate jeder anderen Winterpflanze haushoch überlegen. Sie schmückt sich mit riesigen, 10 cm breiten Blüten mit hellblauen, hauchdünnen Blütenblättern, denen weder Frost noch Regen etwas anhaben können. Die nordafrikanische Art begeistert im Garten und noch mehr als Schnittblume. Als Einzelblüte in einer schmalen Vase verströmt sie den Duft des Frühlings. Ideal ist ein Standort vor einer Südmauer und steiniger Boden (Gartenerde und groben Schotter 1:1 mischen) mit sehr guter Durchlässigkeit. Sie möchte in Ruhe gelassen werden; nur alle vier bis fünf Jahre im Frühling teilen.

H/B: 30 × 50 cm
Farbwirkung: Blüten: Winter bis Frühling; Blätter: ganzjährig
Gut in Kombination mit: Gelbgrün, Rosa, Rot
Partner: *Helleborus argutifolius*
Nachfolger: *Eschscholzia californica* (rund um die Iris)

Correa 'Dusky Bells'

Obwohl die Australische Fuchsie häufig als empfindlich beschrieben wird, hat dieser reizende Strauch in meinen Gärten viele Frostnächte überlebt. Er muss vor einer gut geschützten Südwand wachsen und die Erde darf im Winter niemals staunass sein. Unter diesen Voraussetzungen blüht er in den kalten Wintermonaten bis zum Frühling. Der Strauch hat eine regelmäßige Wuchsform mit dicht stehenden Blüten. Entfernen Sie nur erfrorene, kranke oder beschädigte Triebe – die perfekte Pflanze für die Wintermitte.

H/B: 100 × 100 cm
Farbwirkung: Blüten: Winter bis Frühling; Blätter: ganzjährig
Gut in Kombination mit: Hellviolett, Weiß, Blau
Partner: *Buddleja officinalis*
Nachfolger: *Thunbergia alata* (klettert über den Strauch)

Helleborus argutifolius

Diese immergrüne Staude mit glänzend grünen, gezähnten Blättern hat eine markantere Wuchsform als die meisten *Helleborus*-Arten. Das lockere Polster behält seine Form sogar im Schnee. In der Wintermitte erscheinen die Blüten auf 50 cm hohen Stängeln in lockeren Gruppen; einige öffnen sich nach oben, dem Betrachter entgegen. Die lindgrünen Blüten locken frühe Bestäuber an, und die insgesamt helle Staude bildet einen guten Hintergrund für die kräftigen Farben von frühen *Iris* und *Scilla*. Sie braucht durchlässige Böden und volle Sonne. Wenn sich im Spätfrühling die neuen Triebe und Blätter zeigen, wird der alte Wuchs abgeschnitten.

H/B: 50 × 100 cm
Farbwirkung: Blüten: Winter bis Frühling; Blätter: ganzjährig
Gut in Kombination mit: Orange, Rot, Violett, Purpur
Partner: *Libertia peregrinans*
Nachfolger: *Galtonia candicans* (zwischengepflanzt)

Clematis cirrhosa 'Freckles'

Diese robuste und doch zierlich aussehende Waldrebe wirkt wie ein *Helleborus* in luftiger Höhe. Lassen Sie die Pflanze über einen Bogen oder durch einen Baum wachsen, denn sie sieht am schönsten vor blauem Himmel aus – bleigrau tut es auch. Die cremefarbenen Blüten mit burgunderroten Flecken sind eine Wohltat zwischen den düsteren grauen und braungrauen Tönen des Winters. Mit ihrer edlen Form kann keine andere Winterpflanze mithalten. Pflanzen Sie die Waldrebe ein paar Zentimeter tiefer als andere Pflanzen ein (mit einem Teil des Triebs), um das Risiko der Clematis-Welke zu senken.

H/B: 75 × 75 cm
Farbwirkung: Blüten: Winter bis Frühling; Blätter: ganzjährig
Gut in Kombination mit: Gelbgrün, Weiß, Rot
Partner: *Euphorbia* × *martini*
Nachfolger: *Rosa* 'Wedding Day'

Acacia dealbata

Diesen spektakulären australischen Baum habe ich zum ersten Mal als Student im Garten der Royal Horticultural Society in Wisley gesehen. Ich war begeistert von der üppigen Farbe in einer traurigen Landschaft aus mattem Grün und feuchter Erde. Die Reihen kugeliger Blüten vor gefiederten, blaugrauen Blättern wirken wie fehl am Platz und dennoch fröhlich – wie Kanarienvögel, die sich mit Spatzen um Krümel streiten. Die Akazie wächst zu einem ordentlichen Baum heran, und da sie Schnitt nicht gut verträgt, tausche ich sie etwa alle zehn Jahre aus. Das getrocknete Holz brennt gut. Am liebsten mag sie warme Standorte mit viel Sonne und durchlässigem Boden.

H/B: 10 × 4 m
Farbwirkung: Blüten: Winter bis Frühling; Blätter: ganzjährig
Gut in Kombination mit: Gelb, Orange, Rot, Weiß, Orangebraun
Partner: *Phormium* 'Apricot Sprite'
Nachfolger: *Clematis tangutica* (durch den Baum wachsend)

Grevillea 'Canberra Gem'

Rot ist sicherlich die letzte Farbe, die man im Winter erwarten würde, doch diese *Grevillea* glüht rot vom Spätwinter bis in den Sommer. Sie gehört zu den Proteaceen, die in Südafrika, Australien und Südamerika in heißer Sonne auf durchlässigen Böden wachsen. Unter diesen Bedingungen entwickelt sich der kratzig aussehende Strauch von einem Polster über eine Kugel bis zu einem unregelmäßigen Strauch. Er braucht einen geschützten Standort und, bei länger andauernden Temperaturen unter –5 °C, zusätzlichen Kälteschutz.

H/B: 2,5 × 2,5 m
Farbwirkung: Blüten: Winter bis Sommer; Blätter: ganzjährig
Gut in Kombination mit: Graublau, Blau, Violett, Orange, Hellgrün, Weiß
Partner: *Astelia chathamica* 'Silver Spear'
Nachfolger: *Tropaeolum speciosum* (durch den Strauch wachsend)

Chimonanthus praecox 'Sunburst'

Dieser bescheidene chinesische Strauch hält sich die meiste Zeit unauffällig im Hintergrund, doch im zeitigen Frühjahr meldet er sich mit stark duftenden, durchscheinenden gelben Blüten auf der Gartenbühne. Die wunderschönen Blüten sehen allerdings nur optimal aus, wenn der Strauch entweder mittags von hinten beleuchtet wird oder vor einer hellen Wand als Fächerspalier wächst. Er toleriert die meisten Böden. Schneiden Sie die ältesten Triebe dieses nützlichen Winterstrauchs für große Gärten jährlich nach der Blüte um ein Drittel zurück.

H/B: 170 × 150 cm
Farbwirkung: Blüten: Winter bis Frühling; Blätter: Frühling bis Herbst
Gut in Kombination mit: dunklem Purpur, Rot
Partner: *Lophomyrtus* 'Red Dragon'
Nachfolger: *Hosta sieboldiana* 'Elegans'

10 WEITERE PFLANZEN

1. *Crocus tricolour*
2. *Scilla mischtschenkoana* 'Tubergeniana'
3. *Corydalis cheilanthifolia*
4. *Artemisia stelleriana*
5. *Bellis perennis*
6. *Narcissus cantabricus*
7. *Helleborus × sahini* 'Winterbells'
8. *Helleborus foetidus* Wester-Flisk-Gruppe
9. *Helleborus* 'Pirouette'
10. *Clematis napaulensis*

Iris reticulata

Zwergiris sorgen zu unterschiedlichen Zeiten zwischen Spätwinter und zeitigem Frühjahr für unerwartet leuchtende Farben: *I. reticulata* 'Cantab' mit hellblauen Blüten ist einer meiner Lieblinge. *I. reticulata* 'J.S. Dijt' blüht dunkelviolett; sie bleibt auf feuchten Boden nahezu unsichtbar, strahlt aber auf Kies oder vor silbernem Laub. *I. reticulata* 'Katharine Hodgkin' schließlich blüht überirdisch in Wedgwood-Blau und Cremeweiß. Hier zählt nur die Masse: pflanzen Sie mindestens zehn Zwiebeln in die Sonne auf durchlässigen Boden oder in flache Schalen.

H/B: 15 × 15 cm
Farbwirkung: Blüten: Winter bis Frühling; Blätter: Frühling
Gut in Kombination mit: Gelb, Gelbgrün, Silber, Rot
Partner: *Iris danfordiae*, *Narcissus cantabricus*
Nachfolger: *Eryngium × oliverianum*

SPÄTWINTER

Narcissus 'Rijnveld's Early Sensation'

Diese verlässliche Narzisse blüht oft zusammen mit Schneeglöckchen. Das kräftige Gelb der Nebenkrone wird durch einen Grünton auf der Rückseite etwas gedämpft. Sie hält schlechtes Wetter aus, gedeiht am besten in voller Sonne, gibt sich aber auch mit lichtem Schatten unter Gehölzen zufrieden. Verteilen Sie 10 bis 20 Zwiebeln in einem locker bepflanzten Beet, wo die Stauden später die welkenden Blätter verdecken. Die Sorte ist auch eine gute Schnittblume, die erste Frühlingsfarben ins Haus bringt.

H/B: 50 × 10 cm
Farbwirkung: Blüten: Winter bis Frühling; Blätter: Frühling
Gut in Kombination mit: Orangebraun, Violett, Gelbgrün
Partner: *Carex testacea* (in der Sonne)
Nachfolger: *Begonia grandis* subsp. *evansii* (im Halbschatten)

Hardenbergia violacea

Diese Kletterpflanze von der Südhalbkugel sollte viel bekannter sein. Ihre Schmetterlingsblüten sitzen in nickenden Trauben – wie ein Blauregen, aber weniger unbändig. Wenn man sie an einem warmen Standort mit durchlässigem Boden in Ruhe lässt, klettert sie an allem empor, was sich anbietet. Am schönsten habe ich sie über einer schmiedeeisernen Pergola erlebt, aber ein Holzgitter tut es auch. Sie kann allein oder über die nackten, unteren Triebe einer alten, hohen Kletterrose wachsen. Die nahe verwandte *H. comptoniana* hat köstliche purpurn-malvenfarbene Blüten – sie gedeiht nur an sehr warmen Stellen.

H/B: 300 × 300 cm
Farbwirkung: Blüten: Winter bis Frühling; Blätter: ganzjährig
Gut in Kombination mit: Rosa, Purpur, Violett, hellem Orangerot
Partner: *Viburnum* × *bodnantense* 'Dawn'
Nachfolger: *Eccremocarpus scaber*

Loropetalum chinense 'Black Pearl'

Angeblich ist diese Pflanze zu empfindlich und lohnt den Versuch nicht, aber ich weiß, dass der auffällige Strauch die Winter in Norfolk und Canterbury gut übersteht. Damit will ich nicht behaupten, dass er überall wächst, aber an geschützten Standorten und mit Winterschutz – warum nicht? Die bandförmigen Kronblätter verraten seine Verwandtschaft mit der Zaubernuss. In lichtem Schatten auf humosem Boden blüht er von Spätwinter bis Spätfrühling. Die Partnersuche für die ganzjährig dunkelpurpurbraunen Blätter ist eine Herausforderung, aber *Heuchera* und/oder *Crocosmia* mit apricotfarbenen Blüten passen gut.

H/B: 120 × 120 cm
Farbwirkung: Blüten: Winter bis Frühling; Blätter: ganzjährig
Gut in Kombination mit: Silber, Weiß, Hellrosa, hellem Orangerot
Partner: *Acaena microphylla* 'Copper Carpet'
Nachfolger: *Crocosmia* 'Dusky Maiden'

Prunus mume 'Beni-chidori'

Eigentlich bevorzuge ich Arten mit langen Blütenzeiten, doch diese Japanische Aprikose ist eine Ausnahme. Japaner feiern die vergängliche Schönheit der Pflaumen-, Kirsch- und Aprikosenblüten und ich kann sie gut verstehen. Die dunkelrosa Blüten mit den verlockenden, langen Staubblättern halten sich höchstens zwei bis drei Wochen lang und scheinen viel zu zart für die nackten Zweige zu sein. Leider bildet diese Sorte keine nutzbaren Früchte. Wenn der Baum frei an einer geschützten Stelle steht oder als Fächer vor einer warmen Wand gezogen wird, lohnt sich das lange Warten auf die Blüten.

H/B: 2,5 × 2,5 m
Farbwirkung: Blüten: Spätwinter; Blätter: Frühling bis Herbst
Gut in Kombination mit: Weiß, Hellrosa, Hellviolett, Hellblau, Hellgrün
Hintergrund: eine hell gestrichene Mauer
Nachfolger: *Verbena rigida* (um den Stamm am Mauerfuß)

Coronilla valentina subsp. *glauca* 'Citrina'

Diese kompakte Kronwicke ist in Spanien und Portugal verbreitet. Die Leguminose blüht im Winter und Frühling mit hellgelben Blüten, wenn andere Pflanzen ruhen. Mit einer Nachblüte im Spätsommer kommen manchmal zehn farbige Monate zusammen. Auf einem geschützten Platz in voller Sonne und durchlässigem Boden entwickelt sich das helle, blaugrüne Laub optimal. Die Pflanze wuchert nicht, sondern behält ihre relativ kompakte Form und passt daher in den Kiesgarten oder als Strukturelement in den Vordergrund einer Rabatte. Ob sie, wie behauptet, auch im Schatten gedeiht, habe ich noch nicht ausprobiert.

H/B: 80 × 100 cm
Farbwirkung: Blüten: Winter bis Frühling und Sommer; Blätter: ganzjährig
Gut in Kombination mit: hellem Blauviolett, Blau, Orangerot, Hellgrün
Partner: *Muscari comosum*
Nachfolger: *Perovskia atriplicifolia*

Edgeworthia chrysantha 'Red Dragon'

Ihre Kultur ist trickreich, aber im Winter ist die Blütenfarbe einfach einzigartig. Aus den Fasern dieses asiatischen Strauches fertigt man Papier von hoher Qualität und die Blüten werden wegen ihres Duftes nach Gewürznelken geschätzt. In einem frostigen Garten würde ich keinen Versuch wagen, sehr wohl aber an einem warmen, geschützten Standort. Natürlich wächst sie auch im kalten Gewächshaus in voller Sonne oder lichtem Schatten. Reichern Sie das Substrat mit organischem Material und Kies an, damit es durchlässig und frisch wird, und lichten Sie sich kreuzende oder zu dichte Zweige aus.

H/B: 150 × 150 cm
Farbwirkung: Blüten: Winter bis Frühling; Blätter: Frühling bis Herbst
Gut in Kombination mit: hellem Blauviolett, Purpur, Hellgrün
Partner: *Sarcococca hookeriana*
Nachfolger: *Omphalodes cappadocica*

Vinca difformis

Weiße Blüten mit dem zartesten Hauch von Blau scheinen keine Lösung für trübe Wintertage zu sein, aber dieses Immergrün bildet seine Blüten in derart großer Zahl, dass sie die Stimmung heben. Obwohl es nicht ganz so wuchert wie *V. major*, bildet es ebenfalls lange Ausläufer, die sich bewurzeln. Pflanzen Sie das Immergrün im lichten Schatten, wo andere Arten versagen und es nicht wirklich stört. Die Blüten, die von Wintermitte bis Spätfrühling erscheinen, ändern die Farbe von Weiß mit einem Hauch von Blau zu Hellblau.

H/B: 40 cm × unbegrenzt (wenn es nicht eingedämmt wird)
Farbwirkung: Blüten: Winter bis Frühling; Blätter: ganzjährig
Gut in Kombination mit: hellem Blauviolett, Rosa, Hellgrün, hellem Grüngelb
Partner: *Smyrnium perfoliatum*
Nachfolger: *Geranium oxonianum*

Cardamine quinquefolia

Dieses herrliche Schaumkraut gehört zu den ersten Stauden, die im Spätwinter mit ihren feinen Blüten den Augen schmeicheln. Die bodendeckende Waldstaude braucht Baumschatten und einen ganzjährig feuchten, zumindest frischen Boden. Im Spätwinter schießt sie aus dem Boden und bildet massenhaft fünffingrige Blätter und vierzählige, hellblauviolette Blüten mit einem Hauch von Rosa. Im Hochsommer zieht sich das Schaumkraut zurück und breitet sich unterirdisch aus. Versuchen Sie es unter einem laubabwerfenden Strauch im Beethintergrund oder zwischen anderen früh blühenden Waldpflanzen wie *Euphorbia amygdaloides* var. *robbiae*.

H/B: 30 cm × breitet sich langsam aus
Farbwirkung: Blüten: Winter bis Frühling; Blätter: Winter bis Frühling
Gut in Kombination mit: hellem Grüngelb, Dunkelrosa
Partner: *Pachyphragma macrophyllum*
Nachfolger: *Darmera peltata*

Pulmonaria rubra

Früher galt Lungenkraut als Heilmittel gegen Lungenkrankheiten, heute gehört es zu den verlässlichsten Stauden des Spätwinters mit ganzjährigem Blattschmuck. Es gibt weiß, purpurn, violett und blau blühende Sorten. *P. rubra* hat die charakteristischen weiß gefleckten Blätter und schmutzig rote Blüten, die bis zum Frühsommer erhalten bleiben. Wird die Staude nach der Blüte kräftig zurückgeschnitten, zeigen sich innerhalb weniger Wochen neue Blätter, die das Unkraut unterdrücken. Lungenkraut gedeiht am besten im lichten Schatten, wächst aber auch in der Sonne, wenn der Boden feucht bleibt. Echter Mehltau auf den Blättern ist ein sicheres Zeichen, dass der Boden zu trocken ist.

H/B: 30 × 30 cm
Farbwirkung: Blüten: Winter bis Frühling; Blätter: ganzjährig
Gut in Kombination mit: Blau, Violett, Grün
Partner: *Helleborus cyclophyllus*
Nachfolger: *Liriope muscari*

Crocus tommasinianus 'Barr's Purple'

Die durchscheinenden purpurnen Kronblätter und kurkumagelben Staubblätter dieser Krokusse leuchten noch an den dunkelsten Wintertagen. Die Außenseite der sechs Kronblätter changiert zwischen hell und dunkel – am besten in Topfkultur zu sehen. Dieser Krokus verwildert über Samen und Tochterzwiebeln in einer Wiese oder unter Bäumen und Sträuchern. Im Herbst gepflanzte Zwiebeln blühen im Folgejahr mit ein bis zwei Blüten für zwei bis drei Wochen. Sie brauchen zum Schutz vor winterlicher Nässe durchlässigen Boden (ggf. verbessern), sehen aber auch zauberhaft im Terrakottatopf aus, der gezielt in den Blick gerückt wird.

H/B: 15 × 10 cm
Farbwirkung: Blüten: Winter bis Frühling; Blätter: Frühling
Gut in Kombination mit: Gelb, Hellgelb, dunklem Purpurrot, hellem Orange
Partner: *Eranthis hyemalis* 'Orange Glow'
Nachfolger: *Ipheion uniflorum* 'Wisley Blue'

10 WEITERE PFLANZEN

1. ***Hamamelis × intermedia* 'Diane'**
2. ***Scilla siberica***
3. ***Corylopsis pauciflora***
4. ***Stachyurus praecox***
5. ***Sycopsis sinensis***
6. ***Acacia baileyana***
7. ***Corylopsis spicata***
8. ***Abeliophyllum distichum* Roseum-Gruppe**
9. ***Azara microphylla***
10. ***Bergenia cordifolia* 'Purpurea'**

INSPIRIERENDE GÄRTEN

Die Inspiration für Pflanzschemata, Farbkombinationen und zur Gestaltung von Gärten können Sie sich von vielen Quellen beschaffen. Vor allem private Gärten sind eine unerschöpfliches Reservoir. Durch Aktionen wie die Offene Gartenpforte, bei der viele Privatgärten einer Region an bestimmten Wochenenden für Besucher ihre Tore öffnen, sind viele Refugien für jedermann einsehbar geworden. Gerade in Privatgärten stößt man auf ungewöhnliche und kreative Lösungen und Gestaltungsideen, die man auf Bundes- oder Landesgartenschauen, in Schaugärten oder auf Gartenveranstaltungen selten sieht. Auf meinen Reisen in verschiedene Länder in aller Welt besuche ich auch immer Gärten, Parks und Anlagen. Die folgenden möchte ich Ihnen ganz besonders ans Herz legen. Es sind historische und moderne dabei, mit den unterschiedlichsten Gestaltungen und Stilen. Vergewissern Sie sich vor einem Besuch im Internet auf der jeweiligen Homepage über die aktuellen Öffnungszeiten.

DEUTSCHLAND

SICHTUNGSGARTEN HERMANNSHOF
Babostraße 5, 69469 Weinheim

Große Staudenkollektion und flächige Prärie- und Steppenpflanzungen, die das ganze Jahr über attraktiv sind.
www.sichtungsgarten-hermannshof.de

WESTPARK
Westendstraße, München

Öffentlicher Park mit ausgedehnten, naturalitschen Staudenpflanzungen im New German Style.
www.muenchen.de/sehenswuerdigkeiten/orte/120259

KARL-FOERSTER-GARTEN
Am Raubfang 6, 14469 Potsdam-Bornim

Kleiner, aber wunderbarer Garten, der von einem der berühmtesten Staudengärtner, Karl Foerster, angelegt wurde.
www.potsdam-park-sanssouci.de/karl-foerster-garten

FRANKREICH

CHATEAU ET JARDINS DE VILLANDRY
37510 Villandry

Bekanntes Schloss aus dem Mittelalter mit formalen Beeten, die fast das ganze Jahr ein Farbfestival für das Auge bieten.
www.chateauvillandry.fr

FONDATION CLAUDE MONET
Giverny, Haute-Normandie

Landhausgarten des berühmten Impressionisten Claude Monet. Bis heute wird er so erhalten und gepflegt, wie ihn der Maler anlegte.
www.fondation-monet.com

INTERNATIONAL FESTIVAL OF GARDENS
Chaumont-sur-Loire Jardins, Loire

Zahlreiche Schau- und Mustergärten, in denen die Grenzen modernen Gartendesigns ausgelotet werden. Ausgesprochen inspirierend.
www.domaine-chaumont.fr

NIEDERLANDE

KEUKENHOF
Stationsweg 166a, 2161 AM Lisse

Die Zwiebelblumenpflanzungen sind weltberühmt und beispiellos. Farbige Blütenmeere bedecken die gesamten Flächen des Parks im Frühjahr.
www.keukenhof.nl

DE HEERENHOF
Veldstraat 12a, 6227 SZ Maastricht

Ein kleiner, aber wunderbarer Garten mit formalen Topiarys und ergänzenden, farbigen Planzungen.
www.heerenhof.nl

PRIONA TUINEN
Schuineslootweg 13, RE 7777 Schuinesloot

Der Garten von Henk Gerritsen eröffnet ungewöhnliche Gestaltungsansätze und Farbkombinationen.
www.prionatuinen.nl

VEREINIGTES KÖNIGREICH

GREAT DIXTER
Northiam, Rye, East Sussex, England
Ein außergewöhnlicher Garten, der von dem verstorbenen Pflanzensammler und Gärtner Christopher Lloyd angelegt wurde. Spektakuläre und ungewöhnliche Farbkombinationen.
www.greatdixter.co.uk

SISSINGHURST CASTLE
Sissinghurst, Cranbrook, Kent, England
Weltberühmter Garten mit raffinierten Pflanzkombinationen und senstationellen Farbbeeten in den von Hecken eingefassten Gartenräumen. Am bekanntesten ist wohl der Weiße Garten.
www.nationaltrust.org.uk/sissinghurst-castle-garden

EAST RUSTON OLD VICARAGE
East Ruston, bei Stalham, Norfolk, England
Ein Garten mit üppigen und extravaganten Farben und Beetgestaltungen. Die niederländischen und exotischen Bereiche sind besonders erwähnenswert.
www.e-ruston-oldvicaragegardens.co.uk

ANGLESEY ABBEY
Lode, bei Cambridge, Cambridgeshire, England
Dramatischer Winteraspekt und inspirierende Farbgestaltungen. Großer Park mit Waldpflanzungen und formal gestalteten Bereichen.
www.nationaltrust.org.uk/anglesey-abbey

RHS CHELSEA FLOWER SHOW
The Royal Hospital, London, England
Die wohl bekannteste und beste Gartenschau der Welt mit außergewöhnlichen Gärten, experimentellen Gestaltungen und kreativen Farbkombinationen.
www.rhs.org.uk/shows-events/rhs-chelsea-flower-show

HIDCOTE MANOR
Chipping Campden, Gloucestershire, England
Ein außergewöhnlicher Arts-and-Crafts-Garten mit Weltruhm. Gartenräume mit unterschiedlichen Farbthemen.
www.nationaltrust.org.uk/hidcote

USA

RIVER FARM GARDENS
7931 East Boulevard Drive, Alexandria, Virginia
Der Hauptsitz der American Horticultural Society zeigt Farbbeete und ganzjährig attraktive Gartengestaltungen mit vielen Arten und Sorten.
www.ahs.org/about-river-farm

LONGWOOD GARDEN
1001 Longwood Road, Kennett Square, Pennsylvania
Großer, weltberühmter Park mit verschiedenen Farbgestaltungen, etliche von beträchtlicher Flächenausdehnung.
www.longwoodgardens.org

FILOLI GARDEN
Canada Road, Woodside, California
Von der europärischen Arts-und-Craft-Bewegung inspirierter Garten mit spektakulären Farbkombinationen.
www.filoli.org

AUSTRALIEN UND NEUSEELAND

CLOUDEHILL GARDENS
89 Olinda-Monbulk Road, Olinda, Victoria, Australien
Wunderschöne Pflanzungen in einer atemberaubenden Landschaft mit vielen Pflanzkombinationen und ungewöhnlichen Ideen.
www.cloudehill.com.au

AYRLIES
125 Potts Road, Howick, Auckland, Neuseeland
Außergewöhnliche Pflanzungen, durch die sich ein Netz aus Wegen und Pfaden schlängelt. Ein Füllhorn an Ideen und Inspiration.
www.ayrlies.co.nz

MAPLE GLEN
Wyndham Letterbox Road, Wyndham, Neuseeland
Beeindruckender 365-Tage-Garten mit vielen Lebensbereichen, interessanten Pflanzen und einer wohlüberlegten Farbgestaltung.
www.mapleglen.co.nz

REGISTER

Kursive Ziffern verweisen auf Abbildungen

D

E

R

S

T

U

V

W

Y

Z

BILDNACHWEIS | IMPRESSUM

Bildnachweis

Alle Fotos von Jonathan Buckley mit Ausnahme von:

u = unten, o = oben, li = links, re = rechts, Mi = Mitte

Mit einem * markierte Bilder wurden über GAP Photos bezogen. www.gapphotos.com

2/3: *Christa Brand
8: o *Howard Rice
9: u *John Glover;
o *Jonathan Need
10: u *Jerry Harpur
11: o Travel Ink/Getty images;
u Danita Delimont/Getty Images
12/13: *Elke Borkowski
16: *Nicola Stocken
17: u li *Amy Vonheim;
o li *Matteo Carassale
19: u li *Christa Brand
21: u Clive Nichols
23: u *Richard Bloom
27: u li *Nicola Stocken;
o li *Christa Brand
29: *Carole Drake
32: u *Dave Zubraski;
o *Ron Evans
33: u Nick Bailey;
o Clive Nichols
35: *Nicola Stocken
38: u li *Paul Debois
40/41: *Elke Borkowski
44: li *Tommy Tonsberg
45: *J S Sira
50: re *Victoria Firmston
51: *Richard Loader
52: re *Nicola Stocken;
li *Richard Bloom
53: li *Howard Rice
57: li *John Glover
58: Mi *Richard Bloom;
li *Visions;
re *Jan Smith
59: *Neil Holmes
60/61: *Christa Brand
62: *Heather Edwards
72: Mi *Thomas Alamy;
li *Charles Hawes
73: Mi *Victoria Firmston
75: *Clive Nichols
80: *Heather Edwards
81: u *Howard Rice;
o *Nicola Stocken
82/83: *Oliver Mathews
85: u re *Richard Bloom
86: u *Carole Drake;
o *Matt Anker
87: li *Jo Whitworth
88: u re *Howard Rice;
o li *Visions;
u li *Visions
90: u *Nicola Stocken
93: o li *Martin Staffler;
o re *Maxine Adcock
94: u *Mark Bolton;
o *Richard Bloom
96/97: *Christa Brand
99: li *Howard Rice
100: li *Visions
102: li *Howard Rice
105: re *Lynn Keddie
109: li Thompson & Morgan;
re *Friedrich Strauss;
Mi *Matt Anker
110: *Carole Drake
113: *Christa Brand
114: re Clive Nichols;
ganz li *Gerald Majumdar;
Mi re *Dianna Jazwinski
115: *Matt Anker
116/117: *Nicola Stocken
118: *Nicola Stocken
119: re 2. von u *Geoff Kidd;
re u *Thomas Alamy
120: Thompson & Morgan;
re o *Richard Loader
123: u li *Neil Overy
124: o Crocus;
Mi li *Joanna Kossak
126/127: *Elke Borkowski
128: *Manuela Goehner
129: o *Dianna Jazwinski
130: u *J S Sira
133: o *Visions
136: *Howard Rice
137: u *Tommy Tonsberg;
o *Rob Whitworth
141: Nick Bailey;
o li *Jason Ingram;
o re *Annette Lepple
142: u li *Julie Dansereau;
u re *Fiona Mcleod
143: re *Pernilla Bergdahl
144: o *Maayke de Ridder;
o *Joanna Kossak;
u re *Howard Rice;
u li *Joanna Kossak
148: Nick Bailey;
o li *Howard Rice
153: li *John Glover;
re *Fiona Lea
157: li *Howard Rice
161: Mi *Howard Rice
163: *Elke Borkowski
164: *Christina Bollen
165: li *Neil Holmes
166: re *Matteo Carassale;
li *Howard Rice
167: Nick Bailey
169: li John Hiorns
170/171: *Pernilla Bergdahl
173: *Elke Borkowski
174: u li *Thomas Alamy;
Mi u *GAP Photos;
o re *Tim Gainey;
Mi o *Gap Photos;
u re *Heather Edwards
179: u re *Graham Strong;
o *Richard Bloom
180/181: *Nicola Stocken
182: *Geoff Kidd
183: o re *Richard Loader;
Mi *Friedrich Strauss
186: o li *Tim Gainey
187: re *Richard Bloom
188: re o *Gerald Majumdar;
re u *Dave Zubraski
194/195: *Richard Bloom
196: *Lee Avison
197: re *Lee Avison;
li *GAP Photos
198: re *Carole Drake
200: re *Sabina Ruber
201: re John Hiorns;
li *Richard Loader
204: li Rex May/Alamy;
Mi *Howard Rice
206: li *Maxine Adcock
209: re *Clive Nichols
210: li Crocus;
re *Carole Drake
211: *Rob Whitworth
213: li *Joanna Kossak

Gärten und Gestalter

10: o Sissinghurst Castle Garden, The National Trust. 15: Great Dixter, Christopher Lloyd. 27: u re Glebe Cottage, Carol Klein. 31: o Perch Hill, Sarah Raven. 36: Great Dixter, Christopher Lloyd. 37: Ashwood Nurseries, John Massey. 42: Lower Hopton Farm, Veronica Cross. 46: re Glebe Cottage, Carol Klein. 49: Great Dixter, Christopher Lloyd. 84: o Hidcote Manor Garden, The National Trust. 89: Great Dixter, Christopher Lloyd. 91: o Cotswold Garden Flowers, Bob Brown. 106: li Privatgarten, Alan Titchmarsh. 119: o re Perch Hill, Sarah Raven; 2. von o re Sissinghurst Castle Garden, The National Trust. 125: Great Dixter, Christopher Lloyd. 135: The Old Rectory, Mary Keen. 150/151: Glebe Cottage, Carol Klein. 158: Perch Hill, Sarah Raven. 160: Well Cottage, Joe Swift & Sam Joyce. 188: re Sissinghurst Castle Garden, The National Trust. 190: o Cotswold Garden Flowers, Bob Brown. 208: Old Barn, Bob Brown. 213: re Great Dixter, Christopher Lloyd

Die Originalausgabe erschien 2016 unter dem Titel
365 DAYS OF COLOUR IN YOUR GARDEN
bei
Kyle Books, an imprint of Kyle Cathie Ltd,
192-198 Vauxhall Bridge Road, London SW1V 1DX UK

Die Deutsche Nationalbibliothek verzeichnet diese Publikation in der Deutschen Nationalbibliografie; detaillierte bibliografische Daten sind im Internet über <http://dnb.d-nb.de> abrufbar.

ISBN 978-3-7667-2208-9

Die Angaben zu Blütezeiten und Blühdauer sowie zur Frosthärte basieren auf den persönlichen Erfahrungen des Autors. Vor allem Austrieb, Blühbeginn und Frosthärte der beschriebenen Pflanzen variieren je nach Region und Klimazone.

Aus dem Englischen übersetzt von Dr. Wolfgang Hensel

Umschlaggestaltung:
Heike Wagner, München, unter Verwendung eines Bilds von Christa Brand / Weihenstephaner Gärten, Freising (Titel) und weiterer Bilder aus dem Inhalt des Buchs (Rückseite).

Printed and bound in China

WIDMUNG

Für Kemal Mehdi, Orcillia Oppenheimer, Sarah Plumbly, Dick Scott, Ivan Tatum, Rosie Atkins und Chris Brickell.

DANKSAGUNG

Mein Dank gilt:

Alan Gray und Graham Robeson von East Ruston Old Vicarage in Norfolk für die Erlaubnis, in ihrem Garten zu fotografieren.

Garden House in Devon, Great Dixter in Sussex, Narborough Hall in Norfolk und Sissinghurst Castle in Sussex für die Erlaubnis, in ihrem Garten zu fotografieren.

Honourable Alistair Keith und Wing Keith für die Erlaubnis, in ihrem Garten, den ich auf ihrem Landsitz in Norfolk anlegen durfte, zu fotografieren.

John und Eileen at Dunbheagan für den Zugang zu und die Erlaubnis, in ihrem Garten zu fotografieren.

Jonathan Buckley für die wunderbaren Bilder und die angenehme Gesellschaft bei den Fotoshootings.

Den Gärtnern von David Howard Nurseries, West Acre Nurseries, David Austin Roses, Peter Beales Roses, Coblands, The Plantsmans Preference, Blooms of Bressingham, Crocus und Beth Chatto Gardens für ihre Ratschläge und die Pflanzen.

Simon Lockyer (Lockyer Nurseries) für die exquisiten Pflanzen.

Judith Hannam und dem Team von Kyle Books.

David und Claudia Harding für die beständige Weiterentwicklung in ihrem Londoner Garten, den ich gestalte und pflege.

Chelsea Physic Garden für ihre Unterstützung und die Erlaubnis, im Garten zu fotografieren, ganz besonders Nell Jones und Kate Wilkinson.

Christopher Bailes (ehemaliger Kurator, Chelsea Physic Garden) für die Unterstützung beim Schreiben des Buchs und Rosemary Alexander (Rektorin der English Garden School) für die laufende Beratung.

Simon Pyle, ehemaliger Vice Principle der The English Garden School, ein außergewöhnlicher und echter Freund, der von allen, die ihn kannten, schmerzlich vermisst wird.

Lloyd Bailey und Rose Lowe für ihre Unterstützung und die Überlassung ihres Walnut Cottage zum Schreiben.

Valanna Qualie für die Obstkuchen, ihre Ratschläge und das Korrektorat der englischen Ausgabe.

Katy Willimer und Veronika Rasickaite für die Unterstützung bei der Einhalter aller Termine.